들풀에서 줍는

과학

들풀에서 줍는 과학

한 세기를 걸어온 생물학자 김준민, 생명과 자연을 관(觀)하다

김준민 지음

지성사

머리말

　이 책은 10년 전에 지성사에서 나온 『39가지 과학 충격』(1994)의 후편이라고 할 수 있다. 이 책에서는 내가 전공한 분야와 인접 분야를 포함하여 내 관심을 끌고 있는 사건들에 대하여 전문적으로 살펴보는 동시에 다른 사람들의 의견을 듣기로 작정하여, 과학 충격을 넘어서 좀더 넓은 세계로 눈을 돌리려고 하였다.

　따라서 어떤 것은 자세히 다루었는가 하면 어떤 것은 변두리를 터치하는 정도여서 독자 여러분의 도움과 충고를 바라는 마음 간절하다. 더 바라는 것이 있다면 이 책이, 과학에 관심 있는 독자들이 앞으로 과학 생활을 영위하거나 과학을 더 깊이 탐구하는 데 도움을 주었으면 하는 것이다. 이번에도 지성사 여러분의 도움을 받아 감히 이 책을 출간하게 된 것을 기쁘게 생각한다. 이 기회에 지성사 사장님과 직원 여러분의 후원에 깊은 감사의 뜻을 표한다.

2006년 7월

김준민

5

1장

생명의 수수께끼를 품다

한국의 보배, 진짜 나무 참나무

🍃 이름이 참나무인 나무는 없다

우리에게 아주 익숙한 나무 이름이지만 정작 우리나라 산에서는 찾아볼 수 없는 나무가 있다. 바로 참나무다. 사실 참나무란 이름은 꽤 재미있다. 왜 나무 이름에 '진짜'라는 의미의 '참' 자가 붙었을까? 그러면 다른 나무들은 진짜 나무가 아니란 말인가?

참나무라는 이름은 원래 참나무속에 속하는 나무들을 두루 일컫는 말이다. 쉽게 말해서 도토리가 열리는 나무는 모두 참나무속에 포함되기 때문에 어느 종류나 참나무라고 불러도 무방하다. 우리나라에 흔한 참나무 종류는 여섯 가지인데 각각 신갈나무, 떡갈나무, 상수리나무, 굴참나무, 갈참나무, 졸참나무로 불린다.

참나무는 소나무와 함께 우리나라 산림을 대표하는 나무라고 할 수 있어서 동네 뒷산이나 태백산맥 준령을 막론하고 우리나라 어느 산에서든 아주 흔하게 볼 수 있다. 다만 종류에 따라서 사는 곳이 조금씩 다른 특징을 보이는데, 동네 가까이의 낮은 야산에는 상수리나무가 가장 많이 자라고 산 중턱이나 산마루에서는 신갈나무를 많이 볼 수 있다. 떡갈나무는 보통 강가나 야트막한 산자락에 흔하며, 굴참나무는 토질이 척박한 자갈밭에서 주로 자란다.

참나무에서 나는 도토리는 다람쥐가 먹고, 밤나무에서 나는 밤은 사람이 먹지만 그 생김새는 매우 비슷하다. 왜 그럴까?

그것은 참나무와 밤나무가 사실은 아주 가까운 친척이기 때문이다. 참나무과라는 큰 분류군 속에 참나무속, 밤나무속, 그리고 너도밤나무속 등이 모두 포함된다. 참고로 너도밤나무는 울릉도에서만 자라는데, 도토리보다 작지만 비슷한 열매가 달리고 나뭇잎의 모양이 밤나무와 비슷하여 그런 재밌는 이름이 붙여졌다고 한다.

참나무를 구별하는 가장 쉬운 방법은 잎을 보고 판단하는 것인데 잎이 길고 가는 형태를 띤다면 상수리나무나 굴참나무임이 분명하다. 다만 굴참나무는 잎 뒷면이 흰색이기 때문에 상수리나무와 쉽게 구별된다. 한편 나뭇잎이 크고 두툼한 무리에는 신갈나무와 떡갈나무가 있는데 떡갈나무는 잎의 앞뒤에 털이 빽빽이 나 있지만 신갈나무는 그렇지 않다. 졸참

● 임금님 상에 이 열매로 만든 묵이 올랐다고 하여 상수리나무.

● 짚신 바닥이 해지면 이 나무의 잎을 깔았다고 하여 신갈나무.

● 병마개 등의 코르크 제품을 만드는 데 쓰이는 굴참나무.

● 껍질의 주름이 깊은 갈참나무.

● 떡을 쌀 만큼 잎이 넓은 떡갈나무.

● 참나무 중에 잎이 가장 작은 졸참나무.

출처:『신갈나무 투쟁기』지성사, 15쪽

나무와 갈참나무는 다른 참나무들보다 잎이 작으며 엽병(잎자루)이라고 해서 나무줄기에 잎이 매달린 부분이 1~2센티미터 정도로 길다. 졸참나무는 참나무들 중에서 잎이 가장 작고, 갈참나무는 잎이 두껍고 뒷면에 털이 있어서 졸참나무와 구별된다.

이미 오래전 얘기지만 우리나라 산림을 대표하는 나무가 참나무인지 아니면 소나무인지에 대해 한때 생태학자들 사이에 논란이 많았다. 세상만사가 다 그렇듯이 산림도 세월의 흐름에 따라 서서히 그 모습이 변하는데 그런 변화의 과정을 생물학에서는 '천이(遷移)'라고 한다. 그런데 천이의 마지막 단계로 나타나는 우리나라 극상림(極相林, climax forest)이 소나무 숲이냐 아니면 참나무 숲이냐에 대해서 설전이 벌어졌던 것이다.

소나무학파들은 설악산이나 지리산과 같은 높은 산들을 점유한 소나무를 가리키면서 소나무가 우리나라 산림 본연의 모습이라고 주장했고, 참나무학파들은 참나무의 우수한 번식 능력을 들어서 만약 산림을 그대로 둔다면 결국 성장이 빠른 참나무가 소나무 숲을 압도할 것이라고 주장하였다.

그런데 우리나라 산에 나무가 지금처럼 많아진 것은 불과 얼마 되지 않았다. 지난 1980년대까지만 해도 대다수 농촌에서는 나무를 베어서 땔감으로 사용했는데 그때 희생된 나무 대부분이 참나무였다. 따라서 당시만 해도 소나무학파의 목소리가 더 높았는데 이후 연탄과 석유 등으로 연료가 바뀌자 전세가 서서히 역전되기 시작하였다. 참나무가 급속히 번식하면서 서서히 소나무 숲을 고사시켰던 것이다.

원래 소나무는 양지식물이어서 햇볕이 많이 비치는 산의 남쪽 지역에서 주로 자라는데 성장이 느리기 때문에 양질의 토양 조건에서라면 다른 나무들과의 경쟁에서 승리하기 어렵다. 그런데 예전에는 사람들이 소나무 숲에서 자라는 참나무 등의 낙엽성 수종(樹種)들을 베어서 땔감으로 사용했으므로 자연히 소나무가 많았던 것이다. 그런데 이제 사람들이 숲에서 연료를 구하지 않자 성장률이 빠른 참나무가 소나무 숲으로 침투하기 시작하였다. 참나무류는 잎이 무성해서 주변의 소나무를 가렸고 그로 인해 소나무는 성장이 더뎌지고 마침내는 고사하게 되었다.

요즈음 우리나라 산림의 모습은 이처럼 참나무가 점점 더 세를 불리는 형세여서 이제 소나무는 척박한 바위 틈새에서나 자라는 나무로 전락하고 있다 (최근에는 우수한 소나무 수종의 보호를 위해 소나무 보전운동이 활발해지고 있다. 하지만 이런 운동은 우리나라 모든 산의 소나무가 아니라 예전부터 소나무 재배를 권장해온 특별한 지역의 우수 소나무군을 위한 것이다).

🌰 도토리 꽃이 많으면 흉년이 든다

참나무란 이름은 '용도가 많아서 아주 유용한 나무'라는 의미에서 붙여졌다고 하는데 한자로는 '진짜 나무'라는 의미로 진목(眞木)이라 쓴다. 그 쓰임새가 얼마나 다양하기에 그런 이름이 붙었을까? 참나무의 용도는 그 이름에서도 찾아볼 수 있다.

신갈나무라는 이름은 옛날 나무꾼들이 숲에서 일하다가 짚신 바닥이 해지면 이 나무의 잎을 깔아서 신었기 때문에 '신을 간다'는 의미에서 붙여졌다고 한다. 떡갈나무 역시 이름 그대로 떡을 쌀 만큼 잎이 넓은 나무라고 하여 붙여진 이름인데 정말 떡갈나무 잎으로 떡을 싸놓으면 떡이 쉬지 않고 오래간다고 한다. 떡갈나무 잎에는 방부성 물질이 들어 있어서 음식을 오래 보관할 수 있도록 해준다는 것이 현대 과학으로 입증되었다.

상수리나무에 대해서는 이런 설화가 전해진다. 임진왜란 중에 선조가 피난 갔을 때 먹을 것이 없어서 신하들이 이 나무 열매로 묵을 쑤어서 올렸는데, 선조는 궁궐에 돌아와서도 이 음식을 찾았다고 한다. 그래서 임금님 상에 올랐다고 하여 상수리라고 불리게 되었다고 한다.

굴참나무의 껍질에는 잘 발달된 코르크층이 있어서 나무를 누르면 마치 두꺼운 고무처럼 푹신함을 느낄 수 있는데, 이 껍질로 병마개 등 코르크 제품을 만든다. 강원도에서는 굴참나무 껍질로 지붕을 씌우는데 이를 굴피지붕이라 부른다.

갈참나무와 졸참나무의 이름은 다소 유머러스하다. 갈참나무는 묵은 나무껍질이 벗겨지고 새 껍질이 만들어지는 과정에서 껍질의 주름이 깊은 형태를 보이기 때문에 갈참나무라는 이름을 갖게 되었다고 한다. 그런가 하면 졸참나무는 참나무 중 잎이 가장 작아 '졸병 참나무'라고 이름이 붙었지만, 이 나무의 도토리로 만든 묵은 다른 어떤 묵보다 더 맛있다고 한다.

날씨를 구성하는 기상요소에는 온도, 일조, 습도, 강수량 등이 있는데 이런 단위 항목들은 과학적 계측기기로 측정이 가능하다. 하지만 날씨 그 자체는 어떤 한 기상요소로 대변될 수 없는데 날씨는 여러 기상요소들이 총체적으로 작용해서 나타나는 현상이기 때문이다. 이런 날씨 변화의 집합은 다시 기후로 표현된다. 따라서 날씨든 기후든 그 총체적인 변화는 여러 기상요소들을 측정하는 것보다 그 영향을 직접 받고 사는 식물들을 살펴봄으로써 쉽게 파악할 수 있다. 그래서 옛날부터 사람들은 식물이 나타내는 계절적인 현상을 관찰해서 그해의 풍흉을 점치곤 하였다.

오랫동안 벼농사를 지어온 우리나라에서는 사람들이 날씨 변화에 커다란 관심을 가지는 것이 당연하였다. 특히 농민들에게는 날씨 변화를 예측하는 게 중요했는데 그들은 아주 옛날부터 참나무를 살펴서 날씨 변화를 점쳤다고 한다. 한 예로 우리나라 농촌에는 "도토리는 벌판을 내려다보면서 연다."라는 속설이 있는데, 이 말은 참나무에 도토리가 많이 열리는 해에는 흉년이 든다는 뜻이다.

왜 그럴까? 이것은 생태학적인 설명이 가능한데 날씨와 밀접한 관련이 있다. 도토리 꽃이 피는 오뉴월은 바로 모심기 철인데 이 무렵에 비가 많이 오면 모심기에는 유리하지만 도토리 꽃은 아예 피지 않거나 피더라도 일찍 져버린다. 과기에는 대부분의 논이 빗물에만 의존해 농사를 짓는 천수답이었기 때문에 모심기 철의 풍족한 비는 더없이 요긴하였으리라. 그런데 반대로 산에 자라는 참나무에 도토리 꽃이 만개해서 도토리 수확이 풍성하면 그해 쌀농사는 흉작이 되었을 것이다. 모를 내고 벼가 자라는 기간에 비가 부족했을 것이기 때문이다.

이스라엘에서는 참나무를 힘과 신성의 상징으로 삼았다. 그래서 참나무 밑에서 조상의 장례를 치렀으며 경사스런 날에도 그 밑에 모여 축제를 벌였다고 한다.

참나무는 풍요와 문명의 상징

동서양을 막론하고 참나무는 단단하고 나뭇결이 고와서 예로부터 선박이나 고급 가구를 만드는 데 쓰였다. 또 이 나무로 화력이 좋은 장작과 숯을 만들어왔기 때문에 진짜 나무, 즉 참나무로 불렸던 것이다.

참나무는 북반구 중위도 지역에서 잘 자란다. 우리나라와 위도, 기후가 비슷한 미국 북동부에는 자연림이 거의 참나무류로 이루어져 있으며, 유럽에서도 비슷한 기후대에서는 참나무류 삼림이 우세하다.

이러한 참나무 지역은 선진국들이 있는 곳이자 현대 문명의 중심지라 이 지역을 지금도 '참나무 문화대(文化帶)'라고 한다. 이 참나무 문화대에서는 옛날부터 도토리를 맷돌에 갈아서 식량으로 사용했다. 지금도 유럽과 미국의 시골 박물관에서는 우리나라 맷돌과 똑같이 생긴 것을 어렵지 않게 찾아볼 수 있는데, 이것은 그 지역이 우리나라와 같은 참나무 문화대에 속한다는 것을 단적으로 보여주는 좋은 예이다.

하지만 우리나라에서는 조선시대부터 참나무를 괄시하기 시작한다. 소나무의 청청함을 충절(忠節)에 비겨서 당시의 유교 사회가 소나무 보호정책을 폈기 때문이다. 관의 허락 없이 소나무를 함부로 베는 행위를 중벌로 다스리는 대신 땔감으로 참나무 사용을 장려했는데 이런 관행이 수백 년 동안이나 유지되면서 참나무를 쓸모없는 잡목으로 여기게 된 것이다.

사실 소나무는 성장이 느리지만 모래땅이나 지력이 좋지 못한 건조한 곳에서는 잘 자란다. 그래서 요즈음에는 지세가 험준하고 토질이 척박한 산지, 또는 바닷가에 인접한 모래땅 정도에서나 소나무가 자라고 토양 상태가 좋은 대부분 지역에는 참나무와 단풍나무, 서어나무 같은 활엽수가 울창한 숲을 이룬다.

토양이 기름진 곳에서는 소나무가 참나무와 경쟁해서 절대로 이길 수 없기 때문에 자연히 도태되었다. 서울 남산의 경우만 해도 예전에는 햇볕이 따사로운 남사면 일부에 솔숲이 있었지만 지난 수십 년간 환경보전을 이유로 사람들의 접근을 철저히 금지하면서 요즈음에는 그나마도 사라졌다. 그렇게 소나무가 사라진 자리를 지금은 여러 활엽수종들이 차지하고 있다. 이처럼 우리나라 모든 산은 조만간 참나무로 뒤덮이게 될 것이다.

최근 우리나라 산림은 나날이 무성해지고 있다. 우리나라 숲은 해방 이후 60년 동안 임목 축적량이 무려 9배나 증가하였는데, 이렇게 산이 푸르게 된 데는 참나무의 역할이 적지 않았다.

몇 년 전 광릉 숲에서 조사한 바에 따르면, 소나무 숲에 1년간 쌓인 낙엽 양이 1평방미터당 1200그램 정도였던 데 비해 참나무 숲에서는 1400그램이나 되었다. 또 이렇게 쌓인 낙엽이 완전히 썩기까지 소나무 숲에서는 38.4년, 참나무 숲에서는 17.9년이 걸렸다. 소나무 숲의 낙엽 분해 속도가 참나무 숲보다 훨씬 느렸던 것이다. 이처럼 낙엽의 분해 속도가 다르면 자연히 토양에 축적되는 무기 영양염류의 양도 현격히 다르다. 실제로 매년 토양으로 되돌아가는 양분 양을 조사하였더니 참나무 숲이 소나무 숲에 비해서 30퍼센트 정도 더 많았다.

이런 조사 결과는 참나무 숲이 더 많은 영양분을 토양으로 돌려주어서 토양을 비옥하게 한다는 사실을 알려준다. 사실상 참나무 숲은 일단 숲의 면모를 갖추기만 하면 그들끼리 재빨리 어우러지면서 주변의 소나무를 압도하는 것이다. 게다가 우리나라 기후 조건에서는 참나무가 소나무보다 더 잘 자랄 수 있다.

최근에는 산림이 무성해지면서 참나무 숲이 본연의 모습을 찾아가고 있다. 머지않아 참나무 숲이 우리나라 산야를 온통 뒤덮게 될 때 자연히 우리 땅은 그만큼 더 기름지게 될 것이다. 이에 더하여 참나무 숲에서 풍기는 신록의 아련한 맛, 여름의 싱싱한 냄새, 가을의 아름다운 단풍이 온 국토를 물들이리라.

독일에서는 소나무를 위시한 가문비나무, 전나무[Abies holophylla] 등의 침엽수림이 1년 내내 거무스름한 빛을 띠고 있어서 이런 산림을 검은 숲이라는 뜻으로 '슈바르츠발트(Schwarzwald)'라고 부른다. 그런데 얼마 전 내가 만난 독일 삼림학자는 국민들이 그런 삼림에 싫증을 내서 앞으로는 독일의 숲을 계절에 따라 모습과 색깔을 달리하는 참나무 숲으로 바꿀 작정이라고 말했다. 바야흐로 21세기 북반구 온대림은 온통 참나무 숲이 차지하리라.

붓꽃과 식물의 지혜

봄의 상징 붓꽃

아름다운 봄 5월을 상징하는 꽃이 무엇이냐고 묻는다면 나는 붓꽃을 첫째로 꼽고 싶다. 푸른 풀밭을 배경으로 짙은 자줏빛 혹은 노란빛의 화사한 꽃잎을 불쑥 내밀고 한데 무리 지어 또는 다소곳이 홀로 서 있는 붓꽃의 모습은 짙어가는 봄의 정취를 흠뻑 느끼게 한다.

그런데 대다수 사람들은 붓꽃보다 오히려 꽃창포를 더 좋아한다. 그것은 아마도 단옷날에 창포 잎과 뿌리를 우려낸 물에 머리를 감고 세수를 하며, 푸른 창포를 꺾어다가 문 위에 얹어놓는 풍습 때문일 것이다. 하지만 꽃창포와 창포는 다른 식물이고 유연관계로 말하면 붓꽃과 꽃창포가 훨씬 더 가깝다.

사람들은 흔히 물가에 자라는 잎이 길고 고운 식물을 꽃창포와 창포, 제비붓꽃 구별하지 않고 창포 또는 붓꽃이라고 부른다. 붓꽃과 꽃창포는 같은 붓꽃과(Iridaceae)에 속하지만, 창포는 천남성과(Araceae)로 분류군이 전혀 다르다. 척 보기에도 창포는 붓꽃과 식물들과 꽃모

● 꽃창포(왼쪽)와 창포(오른쪽)
는 이름은 비슷하지만 꽃 모양이
완전히 다르다.

양이 전혀 다르고 아름답지도 않다.

붓꽃 학명(*Iris nertschinskia*)은 영어 이름 그대로다. 아이리스는 '무
지개의 여신'이라는 뜻으로, 붓꽃이 아름답고 변화가 심하다고 해서
붙은 말이다. 붓꽃은 꽃봉오리가 마치 붓처럼 생겨서 얻은 이름인데,
아름다운 꽃 이름치고는 좀 삭막한 감도 없지 않다.

붓꽃은 종류가 많아서 전 세계에 300여 종이 분포하는데, 대부분이
북반구 온대지방에 있으며, 우리나라에도 14종이 자라는 것으로 알
려져있다. 붓꽃은 이탈리아의 나라꽃(國花)이며, 꽃창포는 미국 테네
시주의 주화(州花)이다.

가장 아름다운 붓꽃 종류는 지중해, 터키 중부, 카프카스, 이란 북
부, 이스라엘에 주로 분포한다고 알려져 있다. 붓꽃은 예수가 탄생하
기 2000년 전에 이미 이집트 벽화에 그 고운 자태가 그려졌으며, 파라
오 투트모세(Thutmose) 3세는 붓꽃을 직접 재배했다고 한다. 그러나
서유럽 정원에서는 19세기까지 붓꽃이 발견되지 않았다.

서유럽에서는 긴 겨울과 음습한 기후 때문에 붓꽃이 자랄 수 없었
다. 그런데 1880년에 영국의 포스터(M. Foster)가 소아시아의 야생 붓

꽃을 도입해 못생기고 초라한 재래종과 교배시켜 많은 품종을 만드는 데 성공하면서 널리 퍼지게 되었다. 이후 약 400여 종이 만들어졌는데 그중에서 가장 아름다운 꽃창포는 1852년부터 재배되었다고 한다. 우리나라에 꽃창포가 처음 들어온 것은 한일병합늑약 초기인 1912년이었다. 독일붓꽃은 꽃이 크고 붉은 자줏빛을 띠는 종으로 영국의 큐(Kew) 식물원에서 개량해 재배하였고, 우리나라에는 1960년에 도입되었다.

우리나라에서는 각시붓꽃, 금붓꽃, 노랑무늬붓꽃, 붓꽃, 타래붓꽃 등이 흔한데 이것들은 주로 습한 지역에서 발견된다. 노란 꽃을 피우는, 우리나라 자생종 붓꽃인 노란붓꽃[Iris koreana]은 1980년대 초반에 발견되었다.

🌱 들풀에서 줍는 과학

붓꽃과 식물은 줄기의 밑 부분이 땅속에 숨어 있는데 땅속에 있는 싹에서 공중으로 줄기를 내서 생활을 시작한다. 보통 식물은 줄기와 뿌리가 완전히 구별되는 데 반해 붓꽃과 식물은 줄기 일부가 마치 뿌리와 같은 역할을 한다. 붓꽃은 자라면서 만든 영양물질을 이 땅속줄기(rhizomes)에 저장하는데 때로는 이 부분이 비대해져서 뿌리와 확연히 구별되기도 한다.

땅속줄기의 기능은 주로 양분을 저장하는 것이지만 사실상 이듬해 새로 싹을 틔우는 데 대단히 중요한 역할을 한다. 붓꽃은 다년생 초본이므로 땅 윗부분은 겨울에 죽고, 땅속줄기만 살아남아 매년 한 줄기

● 아름다운 봄의 상징, 붓꽃. 꽃창포와 붓꽃을 구별하는 방법 중에서 하나
가 잎을 만져보는 것이다. 꽃창포는 잎(오른쪽 사진) 가운데에서 잎맥이
만져진다. ⓒ이원중

씩 뻗어서 싹을 틔우는 것이다. 그런데 만약 땅속줄기가 지표면에서 너무 깊이 들어가 있으면 땅속줄기 끝에 있는 겨울눈이 땅 밖으로 얼굴을 내밀기 어렵게 된다. 또 가을철 때 아닌 홍수로 땅이 파여서 땅속줄기가 지나치게 지표면 가까이에 있으면 새싹이 일찌감치 땅 밖으로 솟아오르는데, 이렇게 되면 이른 봄 꽃샘추위로 동상을 입을 염려가 있다. 그러면 붓꽃과 식물은 어떻게 이 문제를 해결하는 것일까?

아마도 땅속줄기를 가진 지중식물(geophytes)들은 스스로 땅속줄기의 적당한 깊이를 결정하는 수단을 지닌 듯하다. 만약 가을철에 땅속줄기가 너무 깊이 있으면 겨울눈이 비스듬히 위로 자라나서 이듬해 봄철에는 정상적인 자리를 잡고, 반대의 경우에는 비스듬히 아래로 자란다.

그런데 동물과 달리 특별한 감각기관을 가질 리 없는 식물체가 어떻게 땅속줄기의 위치를 결정할 수 있는 것일까? 먼저 붓꽃의 땅속줄기가 어떤 외부 자극에 반응해서 그런 일이 일어날 수 있다고 가정할수 있겠다. 외부적인 요인으로는 토양 속 미세한 틈에 들어 있는 공기 성분(예를 들면 산소나 이산화탄소 함량)과 수분 함량 등을 생각해볼 수 있고 또 토양이 갖는 고유한 토질, 즉 토양 입자의 종류나 크기 등도 고려해볼 수 있을 것이다.

다음은 식물학자들의 몫이다. 실제로 20세기 초엽에 식물생태학자들은 이 요인들에 다양하게 변화를 줘서 이 요인들이 땅속줄기의 위치 잡기에 어떤 영향을 미치는지 연구했는데 아무런 상관관계도 밝혀내지 못했다.

여러분이 식물학자라면 이제 어떤 실험을 더 할 수 있을까? 식물생태학의 아버지로 불리는 덴마크의 식물학자 라운키에르(Christen Raunkiær)는 햇빛이 어떤 역할을 하지 않을까 생각하였다. 사실 햇빛은 식물의 생존에 가장 중요한 환경인자가 아닌가?

라운키에르는 붓꽃처럼 백합목 식물에 속하는 둥굴레로 실험을 하였다. 그는 가을철에 둥굴레의 땅속줄기를 여러 깊이로 심고, 특히 정상 위치보다 얕게 심은 땅속줄기 몇 개에는 빈 화분을 엎어놓았다. 둥굴레는 과연 어떻게 반응하였을까?

먼저 정상 위치에 심었던 둥굴레는 이듬해 봄에 정상 위치로 줄기를 뻗어서 겨울눈을 틔울 준비를 하였다. 정상보다 깊게 심었던 둥굴레 역시 보다 얕은 곳, 즉 정상 위치로 비스듬히 줄기를 뻗는 데 성공했다. 정상보다 얕게 심었던 둥굴레 줄기가 비스듬히 아래로 향하고 있는 것도 예상하던 그대로였다.

그런데 정상 위치보다 얕게 심은 땅속줄기 중에서 화분을 엎어놓아서 햇빛을 차단했던 것은 기이하게도 땅속줄기가 땅 표면까지 솟아올라 있었다. 어떻게 이런 결과가 나타날 수 있었을까? 라운키에르 박사는 둥굴레의 땅속줄기가 자신의 실험에 속았다고 결론지었다. 둥굴레의 땅속줄기가 햇빛을 감지하지 못하자 자신들이 땅속 깊이 묻혀 있는 것으로 착각해 줄기를 위로 뻗었다는 것이다. 이런 실험 결과로 땅속줄기를 갖는 백합목 식물은 땅속을 투과하는 약한 빛을 감지해 자신의 위치를 인식한다는 것이 증명되었다.

땅속줄기를 가진 식물이 땅속에서 이런 놀라운 기능을 발휘한다는 것은 그야말로 생명의 신비가 아닐 수 없다. 라운키에르 박사는 들풀에서 과학적 사실을 발견한 것이다.

식물의 선구자, 지의류

🦠 지구 상에서 생명력이 가장 강한 식물

생물의 세계는 무궁무진한데 특히 식물의 세계는 굉장히 다양하다. 우리 주변에서 자주 볼 수 있으면서도 사람들에게 거의 알려지지 않은 식물종으로 지의류가 있다. '지의(地衣)'라는 한자어는 바로 땅의 옷이라는 뜻이니 땅바닥에서 자라는 식물체인 것은 미루어서 짐작할 수 있겠다. 그러면 지의류 식물체는 어디에서 찾아볼 수 있을까?

혹시 등산하다가 길옆에 있는 넓적한 바위가 이상한 회색빛 반점으로 얼룩덜룩해져 있는 것을 본 적이 있는가. 그런 얼룩은 오래된 비석들에서도 쉽게 찾아볼 수 있다. 오래된 나무껍질에서, 소나무 숲의 땅바닥에서도 마치 말라죽은 이끼 같은 도저히 생물체라고 생각하기 어려운 그런 너덜너덜한 조각을 종종 볼 수 있다.

지의류는 메소포타미아문명이 번성할 때부터 이미 사람들에게 알려졌다고 한다. 어떤 지의류 종은 성장이 대단히 느리다. 그 종은 솔로몬이 예루살렘에 사원을 지을 때 엄지손톱만 했다가 예수 시대에는

● 식물체 같기도 하고 아닌 것 같기도 한 지의류는 극단적인 환경조건에서도 성장이 가능하다.

100원짜리 동전 크기로 자랐고, 20세기에 이르러서야 어린아이 손바닥 크기가 되었을 정도다. 인간의 세대로 따지면 무려 200세대가 지나는 동안 겨우 4배 커진 것이다. 물론 모든 지의류가 다 그런 것은 아니다. 어떤 지의류는 불과 몇 년 만에 직경 10센티미터 크기로 자라기도 한다.

식물체 같기도 하고 아닌 것 같기도 한 이 보잘것없는 지의류가 고대부터 지금까지 살아남을 정도로 적응력이 강한 이유는 과연 무엇일까? 지의류는 사막의 찌는 듯한 더위와 툰드라의 가혹한 추위에서도 잘 견딜 수 있다. 지의류의 존재와 분포가 잘 알려진 것은 사실상 그것의 용도가 다양했기 때문이다.

지의류는 자연의 가장 극단적인 환경조건 속에서는 성장이 가능하지만 다른 한편으로 인간이 빚어낸 환경오염에 대해서는 아주 예민하게 반응한다. 20세기 후반에 지의류가 다시 생물학자들의 주목을 받은 것은 지의류의 이런 특성 때문이었다.

조류와 균류의 공생

지의류가 식물계의 구성원이라는 사실은 1867년 스위스 식물학자 슈벤데너(Simon Schwendener)가 밝혔다. 물론 이미 수천 년 전부터 사람들이 지의류의 존재를 알고 또 이용했지만 그것이 어떤 식물인지에 대해서는 알지 못했던 것이다.

슈벤데너는 바위나 고목의 줄기, 숲 속의 빈터 등에 붙어 있는 희끄므레한 조각이 사실은 두 종류의 식물, 조류(藻類)와 균류(菌類)가 공생하는 생물체라는 사실을 발견했다. 하지만 그 사실을 발표했을 때 동료 학자들조차 그의 발견을 비웃었다. 어떤 연구자는 그 학설이 "붙잡아온 조류라는 색시와 폭군인 균류라는 신랑의 부자연스러운 결합"이며 "터무니없는 요사스런 거짓말"이라고 조롱을 퍼붓기도 하였다.

지의류가 무엇인지 알기 위해서는 먼저 그 구성원인 조류와 균류에 대해서 알아야 한다. 조류라고 했을 때 흔히 하늘을 나는 새를 가장 먼저 떠올린다. 하지만 조류는 해조류(海藻類)니 담수조류(淡水藻類)니 하는 식물체를 지칭하는 말이기도 하다. 조류를 순수한 우리말로는 '말무리'라고 한다.

말무리는 광합성을 하지만 보통의 나무나 풀과 달리 잎이나 줄기, 뿌리 등으로 구별되지 않는 식물체를 의미한다. 따라서 스스로 몸을 가눌 수 없어 자연히 물에 떠서 생활할 수밖에 없는데 식물성 플랑크톤이란 이처럼 물 위에 떠서 생활하는 단세포성 말무리들이다. 미역이나 다시마 등의 해조류도 말무리에 속하는데 이것들은 식물성 플랑크톤과 달리 다세포이고 엉성하게나마 뿌리나 줄기, 잎 등 조직 분화가 있기는 하다. 하지만 나무나 풀처럼 조직 분화가 완벽하지 않기 때

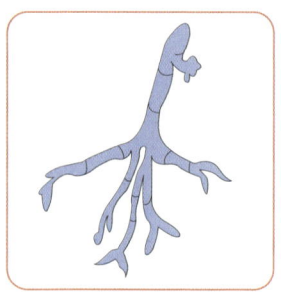

● 곰팡이.

● 조류.

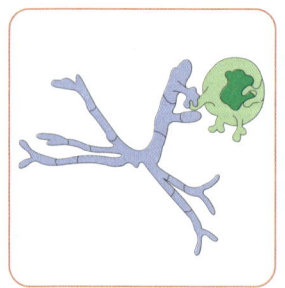

● 곰팡이와 조류의 공생체 지의류.

문에 조류에 포함시킨다.

조류는 대체로 단세포성으로 바닷물이나 민물에 떠서 생활하지만 일부 조류는 단단한 표면에 붙어살기도 한다. 지의류의 한 부분을 구성하는 조류가 바로 이처럼 물 밖에 사는 고착성 조류들이다.

이제 균류에 대해서 살펴보자. 사람들에게 가장 잘 알려진 균류는 곰팡이다. 곰팡이를 자세히 살펴본 적이 있는가? 균류는 스스로 광합성을 못하기 때문에 마치 동물처럼 다른 생물의 몸체나 그것이 생산한 유기물에 의존해서 생활한다. 이것이 바로 빵이나 떡에 곰팡이가 잘 피는 이유이다. 곰팡이는 균사(菌絲)라는 가는 실처럼 생긴 세포를 뻗어서 이동한다.

슈벤데너는 지의류가 조류와 균류의 공생체라는 이론을 처음으로 주장했지만 이 두 생물체 사이의 공생관계를 완벽하게 밝히지 못했다. 공생관계를 규명한 사람은 열렬한 아마추어 식물학자 포터(Beatrix Potter)였다. 그는 지의류에서 균류 협조자는 조류에게 물과 서식처를 제공하며, 그 대신 조류는 광합성으로 유기물질을 생산해 균류에게 제공한다는 사실을 증명했다. 확대경이나 현미경으로 지의류를 관찰하면 균류는 아주 촘촘하게 균사를 뻗어서 단단한 그물망을 형성하는데 그로 인해 공기 중에서 흡수한 수분을 오랫동안 가두어둘 수 있다. 조류는 원래 물속에서 자라던 식물이기 때문에 물 없이는 생존이 곤란한데 균류로부터 수분을 공급받기 때문에 균류의 도움이 절대적으로 필요하다. 균류도 바위 표면과 같이 척박한 장소에서 자라기 위해서는 스스로 영양물질을 생산하는 조류의 도움이 절대적으로 필요하다. 조류와 균류는 서로에게 이익을 제공하는 상리공생의 전형적인 관계를 구축하고 있는 것이다.

긴밀한 공생관계뿐 아니라 강인한 생명력도 지의류에서 발견할 수 있는 놀라운 점이다. 기후가 건조해지면 두 공생자는 상태가 좋아질 때까지 10년, 심지어는 1세기 동안 휴면한다. 오랜 세월을 견디는 동안 지의류는 바싹 말라서 부서지기 일보 직전의 상태가 되는데 설령 그런 단계에 이르더라도 비만 몇 방울 내리면 이내 원래 상태로 돌아온다. 지의류의 균류는 물을 접하는 순간 흡수한다. 지의류는 1, 2분 짧은 시간에 자신의 원래 무게보다 20~30배나 되는 많은 물을 흡수해서 보유할 수 있다. 지의류가 물을 흡수하는 장면을 지켜보면 경이롭기까지 하다.

18세기 캐나다 항해자들은 지의류를 "굶주린 탐험가의 비참한 음식"이라고 불렀다. 보통의 지의류는 어른 손바닥 크기인데 말라 있을 때는 껌처럼 두께가 얇고, 색깔이 거무스름하며 표면도 쭈글쭈글하다. 이런 지의류가 비에 젖으면 표면이 이내 반반해지고 심지어는 번쩍거리기까지 한다. 균류가 수분을 담뿍 흡수해서 탄력을 가지게 된 결과이다.

바위에 붙어 있는 지의류가 살아있는지 죽었는지 확인하는 방법은 간단하다. 물뿌리개나 스포이트로 지의류 표면에 수분을 약간 뿌렸을 때 지의류 표면이 선명한 연두색으로 바뀌면 비록 죽은 것처럼 보이더라도 살아 있는 것이다. 죽은 지의류는 그런 빛을 띠지 못한다.

하늘에서 떨어진 만나

이처럼 생명력이 강한 지의류는 생명체가 살기 어려운 극단적인 환경에서도 번성한다. 10여 년 동안 비가 오기는커녕 수분이라고는 잠시 지나가는 안개 정도가 고작인 칠레의 아타카마 사막에서도 지의류는 생존한다. 낮에는 모든 걸 태울 듯 뜨겁고 밤에는 얼음이 어는 고비 사막의 바위 위에서도 자란다. 지의류는 혹독한 추위가 사시사철 계속되는 북극에서도 발견된다. 고작해야 90종 정도의 풀들만 발견되는 극지방에서 2500 종류나 되는 지의류가 사는 것이다. 남극에도 400종 이상의 지의류가 사는데 바위 위가 아니라 바위틈에서 자란다. 여름에 눈 녹은 물이 구멍을 통하여 스며들고 또 햇볕이 바위를 따스하게 비출 때 왕성하게 자라다가 겨울이 되면 다음 해 여름이 오기까지 완벽하게 휴면에 들어간다.

자연계에서 지의류가 중요한 이유는 그들이 지상에 출현한 첫 식물체라는 점 때문이다. 빙하기가 지난 뒤 드러난 맨땅과 바위 위에서 지의류가 모든 생명체 중에서 가장 처음으로 정착한다. 스웨덴의 저명한 식물학자이자 분류학의 아버지로 추앙받는 린네(Carl von Linné)는 지의류를 "식생의 초라한 쓰레기"라고 부르면서도 그것의 선구적인 역할을 알아차렸다. 그는 껍질 모양의 지의류가 육상에 처음 출현한 식생이며 그들이 비와 대기에서 눈에 보이지 않는 알갱이를 양분으로 섭취한다고 기술하였다.

일찍부터 지의류는 용도가 다양했다. 고대 이집트 사람들은 시체를 미라로 만드는 데 지의류를 이용했다. 지의류에서 추출한 염료는 품질이 희귀한 티리언 퍼플(Tyrian Purple)에 견줄 만하다. 스웨덴 사람들은 채취한 지의류를 발효시켜서 소주를 만들었고, 화학자들은 지의류 추출물로 만든 리트머스 시험지를 이용해 산성도를 측정하였다.

19세기 식물학자 맥밀런(Hugh MacMillian)은 다음과 같이 기술하였다.

"여러 가지 지의류로 병을 고칠 수 있고(…) 의복에 물을 들이고(…) 또 독 성분이 들어 있는 지의류는 동물을 괴롭힌다."

실제로 스칸디나비아에서는 늑대를 죽일 때 지의류의 한 종인 레타리아[Letharia]에서 추출한 독을 유릿가루에 섞은 후 먹이에 발라서 먹였다. 갤리포니아의 아코마위(Achomawi) 인디언은 지의류에서 추출한 독으로 독화살을 만들었다.

지의류는 약재로도 쓰인다. 볼리비아에서는 우스니아(Usnea)라는 지의류가 염증과 곪은 상처를 치료하는 고약의 성분으로 쓰인다. 1945년 미국 예일대학교의 버크홀더(Paul R. Burkholder) 박사는 지의류에서 우스닉산(usnic acid)을 추출했는데 이것은 염증과 피부병을 고치는 항생물질로 사용되었다. 이후 과학자들은 지의류에서 다양한 물질을 추출해 제초제와 의약품 원료로 사용하였다.

어떤 지의류는 여러 목적으로 쓰인다. 잎이 푸르스름한 허파지의

[*Lobaria pulmonaria*]는 폐질환, 특히 폐결핵을 고치는 데 사용되는 한편 시베리아에서는 승려들이 맥주의 쓴맛을 내는 데 쓴다.

전통적으로 지의류는 기근이 들었을 때 유용한 구황식품이다. 탄수화물이 풍부한 만나지의[*Aspicilia esculenta*]는 중동 지방의 협곡이나 바위틈에서 다량으로 수집이 가능하다. 가끔은 사막 바람에 공중에서 날리다가 부서져 비처럼 땅 위에 떨어지는데 그것이 몇 센티미터씩 쌓이기도 한다. 쿠르드족은 이것을 하늘에서 떨어진 '만나(manna)'라고 여겼다. 이스라엘 사람들은 이것을 갈아서 과자를 만들었는데 그 맛은 신선한 기름 맛과 같았다고 한다.

환경오염의 지표식물

20세기 초엽에 식물생태학자들은 특정한 지역에서 지의류가 한꺼번에 죽는 이상한 현상을 목격하였다. 그 원인을 조사하던 연구자들은 이내 대기오염을 원인으로 지목했는데 이는 지의류의 성장 특성을 고려할 때 충분히 가능한 일이었다. 다른 식물들과 달리 지의류는 토양에서 양분을 섭취하지 않는다. 그 대신 비, 눈, 공기 등에 들어 있는 영양분과 무기물질 등을 흡수해 성장하는데 만약 지의류가 집단적으로 피해를 입게 되었다면 주원인은 필경 공기에서 찾아야 할 것이다.

지의류는 먼저 도시 인근에서 죽기 시작하였다. 1860년에 지의학자 나일랜더(William Nylander)는 파리에 있는 룩셈부르크 정원에서 지의류 32종을 채집하였다. 그런데 1896년에는 한 종도 살아남지 않았다. 나일랜더는 "대부분의 지의류는 도시에서 살기를 단념한 것 같

다. 그리고 아직 그곳에서 발견되는 것은 상태가 매우 불량해 대부분 생존이 어려울 듯하다."라고 기술하였다.

1912년에서 1921년 사이에 영국 런던 근교에서는 지의류 129종이 관찰되었는데 1973년 재조사에서는 오직 69종만 남아 있었다. 비슷한 시기에 조사했던 프랑스에서는 50년 후에 2종만 간신히 살아남았다. 이런 사실은 대부분 유럽 대노시들에서 관찰되었다.

대기오염이 증가하면 지의류는 다른 어떤 생물종들보다 제일 먼저 영향을 받는다. 지의류는 흡수한 빗물과 먼지들에 포함된 중금속과 오염물질을 체내에 축적하기 때문이다. 스웨덴 어떤 지방에서는 1942년에 한 화학공장이 세워지면서 지의류가 대부분 소멸되었는데 1966년에 공장이 문을 닫은 후 지의류가 되살아나기 시작하였다.

이처럼 도시나 공장에서 배출되는 대기오염물질의 농도와 지의류의 생존율 사이에 밀접한 상관관계가 있다는 것이 알려지면서 1971년에 약 1만 5000명의 영국 초·중등학생들이 도시 주변의 지의류 조사에 참가하였다. 이 연구는 영국 도시들이 대기오염도 조사에 지의류를 지표종으로 사용하는 효시가 되었다.

대기오염 정도를 어떤 한 가지 대기오염물질의 농도만을 측정해 판단하기는 어렵다. 그렇다고 해서 수십, 수백 종류에 이르는 오염물질을 일일이 분석한다는 것은 대단히 어려운 일이다. 이런 문제점을 극복하는 방법이 바로 지표종에 대한 조사인데, 여기에서 지표종은 대기오염에 예민한 생물종을 말한다. 그런 생물종의 존재 여부를 조사하면 비록 간접적이긴 하지만 비교적 쉽게 대기오염도를 추정할 수 있는 것이다.

지의류는 바로 대기오염 지표종으로 안성맞춤이다. 지의류는 특히 모든 대기오염물질 중에서 가장 중요한 아황산가스(SO_2) 농도에 매우 민감하게 반응하는 것으로 증명되었다. 우리나라에서도 지난 30년 동안 이런 지의류 조사를 여러 차례 실시했는데, 나는 1975년 조사에서 서울의 가장 중심부에 해당되는 종로의 종각을 중심점으로 직경 10킬로미터 동심원의 내부가 어떠한 지의류도 찾아볼 수 없는 소위 지의사막(地衣沙漠)이라는 사실을 증명하였다. 1991년 조사에서는 직경 15킬로미터 동심원 내부가 모두 지의사막에 속하여 심지어 북한산의 인수봉, 도봉산의 만장봉 큰 바위들이 지의류의 사체로 하얗게 변한 것을 발견하기도 하였다.

우리나라 대도시에서 발생하는 아황산가스 오염은 대부분 황 성분이 많이 포함된 무연탄과 휘발유, 경유, 벙커C유 등 난방연료와 자동차연료 사용에서 기인하였다. 그런데 우리나라의 경제 사정이 나아지면서 1980년대 중엽부터는 무연탄 사용이 대폭 줄어들고 1990년대에 이르러서는 석유류 제품의 유황 함량도 크게 낮아졌다. 그 결과 대도시의 아황산가스 농도도 급속도로 낮아졌는데 서울, 부산, 대구 등

6대 도시의 아황산가스 평균 농도는 2000년에 이르자 1990년의 농도에 비해 5분의 1 정도에 불과하게 되었다. 이렇게 아황산가스 오염도가 낮아지면서 최근 서울과 대도시 주변에서 지의류가 다시 소생하고 있는 것을 쉽게 확인할 수 있다. 실제로 요즈음에는 관악산, 청계산, 북한산 등은 물론 시내 공원과 남산에서도 많은 지의류들이 살고 있다.

체르노빌 원전 사고와 지의류

지의류가 비단 먼지나 중금속과 같은 일상적인 대기오염물질만을 축적하는 것은 아니다. 지의류는 공기 중에 떠도는 방사성물질들에도 민감하게 반응하는데 특히 스트론튬(strontium) 90과 세슘(cesium) 137을 체내에 축적하는 것으로 알려져 있다. 이런 물질들은 원자폭탄 폭발 시나 원자력발전소 사고 시 대량으로 공중으로 발산된다.

클라도니아속[Cladonia]의 큰사슴이끼와 순록이끼(이름은 이끼지만 사실은 지의류)는 세계에서 가장 중요한 지의류이다. 한 민족이 이 지의류에 의존해 살아가기 때문이다. 이 지의류들은 북반구 툰드라 대에 널리 분포하는데 북아메리카산 큰사슴과 유라시아에 분포하는 그들의 사촌쯤 되는 반(半)가축인 순록이 그것에 의존해 번성한다. 큰사슴이끼와 순록이끼는 사람들도 먹을 순 있지만 맛이 쓰고 영양가도 없어서 실제로 먹는 사람은 거의 없다.

큰사슴과 순록은 매일 5~6킬로그램의 지의류를 먹어치우는 것으로 알려져 있다. 이 동물들은 여름에는 지의류 대신 사초과(莎草科) 풀을 뜯어먹지만 겨울에는 거의 전적으로 지의류에 의지하는 듯하다.

러시아의 한 과학자는 지의류가 겨울철 순록 먹이의 95퍼센트를 차지한다고 발표했다. 순록이나 큰사슴은 넓고 끝이 뾰족한 발굽으로 눈속에서 자라는 지의류를 쉽게 파낼 수 있다.

북아메리카의 큰사슴 100만 마리와 유라시아의 순록 50만~200만 마리는 북극권 사람들의 사냥감이다. 큰사슴은 이누이트 족(Inuit)의 중요한 먹이가 되며, 또 스웨덴 북부에 거주하는 라프 족(Lapp)의 일족인 사미 족(Saami) 사람들은 1인당 연평균 8~10마리의 순록을 잡아먹는다. 시베리아에 사는 200만 마리의 순록 역시 전통적인 순록 몰이꾼들의 생존을 위한 경제 기반이 되고 있다.

미소 간의 냉전으로 군비경쟁이 극심하였던 1950년대와 1960년대에는 원자폭탄 폭발 실험이 세계 도처에서 행해졌다. 그 결과 공기 중에 다량의 방사성 낙진들이 방출되어 스트론튬 90과 세슘 137의 농도도 높아졌다. 1960년대 중반에 시행한 조사에서 순록의 고기를 먹고 사는 라프족들이 그들보다 남쪽에 사는 핀란드인들에 비해서 무려 30배나 더 많은 스트론튬 90과 세슘 137을 섭취하는 것으로 밝혀졌다. 캐나다에서는 이누이트 족 여성들 모유에 이 물질이 심각하게 함유되어 있음이 발견되었다. 1970년대 들어서 핵실험이 지하에서 진행되면서 대기 중의 방사성물질 농도는 점차 낮아지게 되었다.

하지만 지의류는 1986년에 다시 한번 언론의 주목을 받게 된다. 1986년 4월 28일 우크라이나 체르노빌에서 원자력발전소의 원자로가 폭발하면서 엄청난 양의 방사성물질들이 대기 중으로 방출되었기 때문이다. 이때 방출된 방사성물질의 주 오염원이 세슘 137이었다. 원자로가 폭발할 때 남서풍이 불어 방사성물질들은 스칸디나비아의 중·북부 지역에 광범위하게 확산되었다. 이 지역에 서식하던 지의류들이 방사성물질을 축적하게 된 것은 당연한 일이었다.

체르노빌 사고 이후 핀란드와 유럽연합(EU)은 이내 순록이 방사성물질에 오염될 것을 크게 우려하였는데 사고 발생 후 8개월 만에 실시한 현지조사에서 그런 우려가 사실로 확인되었다. 노르웨이에서 시장에 팔 수 있는 순록고기는 법적으로 1킬로그램당 방사성물질이 6000베크렐(Bq, 1베크렐은 방사능 측정 단위로 1초에 한 개의 핵이 붕괴되는 것을 말한다) 이하여야 한다. 스웨덴에서는 그 한계가 1500베크렐이다. 당시 조사 결과에 따르면 노르웨이와 스웨덴 일부 지역에서 순록고기의 방사성물질 농도가 무려 7만 베크렐이었고 심각한 지역에서는 13만 7000베크렐까지 나타나기도 하였다. 스웨덴과 노르웨이 정부는 방사능에 오염된 순록고기를 사람들이 먹지 못하도록 순록을 강제로 죽여버렸고, 그 고기에 물을 들여서 밍크와 여우를 사육하는 농장에 팔아버렸다.

그런데 이런 조치는 의외의 결과를 낳게 되었다. 순록 사육이 금지됨으로 해서 졸지에 생계가 막막해진 라프족의 생활이 극도로 황폐되어 라프족 공동체 전체가 붕괴 직전에 이르렀기 때문이다. 체르노빌 사태가 사고 지점에서 수천 킬로미터나 떨어진 지역의 생활기반까지 송두리째 붕괴시켰고 그 원인의 한 부분을 지의류가 차지하였다는 사실은 기이한 일이 아닐 수 없다.

꽃에서 세월을 따다

요즈음은 사시사철 반소매 옷을 입고 냉난방이 잘되는 공간에서 생활하는 사람들이 많아졌지만 내가 젊을 때는 사정이 전혀 그렇지 못했다. 이 글을 읽는 젊은 독자들의 부모님 시대에는 한겨울의 얼어붙을 듯한 추위와 한여름의 찌는 듯한 무더위를 오직 인내로 감수해야만 했다.

그 춥고 궁핍했던 시절의 겨울은 여름보다 훨씬 견디기가 어려웠다. 변변한 외투조차 갖춘 사람이 별로 없었고 또 먹는 것도 부실해 가벼운 추위에도 사람들은 벌벌 떨기 일쑤였는데, 게다가 지금보다 더 혹독하게 추워 겨울이 매우 고통스러웠다. 1월 초가 되면 한강이 꽁꽁 얼어서 두어 달 동안 사람들이 얼음 위로 한강을 건너다녔다(이런 점에서 나는 내심 지구온난화를 반기는 편이다. 가난한 사람들에게는 어쨌든 추위가 더위보다 훨씬 더 무섭기 때문이다).

그런 기나긴 겨울이 지나고 어느새 햇볕이 따사해지면 누구나 봄소식을 눈으로 직접 확인하고 싶은 심정에 사로잡힌다. 그만큼 봄이 그리웠기 때문이다. 아직도 아침저녁으로 싸늘한 늦겨울 바람이 옷깃을 여미게 하지만 어느덧 양지쪽에는 파릇파릇한 풀들이 소복이 돋아나 있다. 하지만 나는 그런 이름 모를 풀포기만으로 봄의 정취에 잠기기는 어딘가 부족하여 마을 뒤편 야산에 올라 진달래를 찾아 헤매곤 했다.

나는 어렸을 때 마을 사람의 나뭇짐에 꽂혀 있는 진달래를 보고 '봄은 먼 산에서부터 오는구나.' 하는 느낌을 받곤 했다. 그런데 어찌 된 영문인지 우리 동네 근처 산에서는 진달래를 쉽게 볼 수가 없었고 멀리 깊은 산에 가야만 볼 수 있었던 기억이 난다. 그래서 진달래가 멀리서 찾아오는 '봄의 사자'라는 인상이 깊이 새겨졌던 것이리라. 공부하기 위해 고향을 떠나면서 진달래에 대한 기억은 아련한 추억으로 남은 채 수십 년이 흘렀다.

그런데 내가 서울대학교 교수가 되어 비무장지대 식물을 조사하느라 강원도 양구를 찾았을 때 일이다. 자동차로 춘천에서 양구까지 가는 동안 주변의 산에서는 진달래가 만발하였는데 이상하게도 산의 북사면에만 나 있는 것이 아닌가. 양구에서 민통선까지 가는 길에 본 진달래도 산의 북쪽에서 주로 발견되었다.

이때 발견한 또 한 가지 현상은 해안에서 내륙으로 들어갈수록 진달래가 점점 더 많아진다는 것이었다. 그래서 진달래는 춘천, 양구, 인제, 철원과 같이 바다에서 멀리 떨어진 지역에 많고, 바다에서 가까운 인천이나 수원, 평택 등지에는 드물다는 사실을 알게 되었다.

그제서야 나는 내 고향에서 진달래 보기가 어려웠던 이유를 깨달았다. 내 고향은 황해의 바람을 맞는 곳이었기 때문이다. 그 후 진달래

를 찾아서 경기도 일대, 충청도 옥천, 경상도 언양 등지를 답사하여
진달래 분포에 관한 위의 두 가지 발견을 입증하였다.

진달래는 양지에서 핀다고?

우리나라 국민이 가장 친숙한 꽃으로 꼽는 진달래에 대해서 의외로
제대로 아는 사람이 적은 듯하다. 심지어 식물학자들조차도 잘못 알
고 있는 점이 많다고 생각된다.

시인 신고송은 진달래를 이렇게 노래했다.

진달래

산비탈 양달에도
봄이 왔다고
진달래 보라꽃이
피어납니다
나무꾼 점심밥도
양지쪽에서
진달래 향내 밑에
열리입니다

『한국식물도감』을 들춰보더라도 진달래는 산의 양지쪽에 난다고
되어 있다. 그렇지만 진달래는 사실 산의 북사면, 즉 그늘진 곳에서

더 많이 발견된다. 수년 전에 내가 경기도 일대에서 두루 조사했던 결과 진달래의 출현 빈도는 8방위 중에서 북, 북동, 북서의 순서로 높았고 남쪽에서 가장 낮게 나타났다.

이처럼 진달래는 대표적인 음지식물이라고 할 수 있음에도 불구하고 문학작품 속의 진달래는 한결같이 양지에서만 자라니 참으로 알다가도 모를 일이다. 그런데 어느 날 춘천에서 진달래를 조사할 때 그곳 마을 노인에게

● 기나긴 겨울이 지나고 햇볕이 따사해지면 마을 뒷산 진달래가 제일 먼저 봄을 반긴다. ⓒ이원중

진달래가 나는 곳을 물었더니, 그 노인은 정확하게 진달래는 산의 북쪽에 가야만 볼 수 있다고 말하는 것이었다. 때로는 공부를 많이 한 지식인보다 시골 촌로가 자연법칙을 더 정확히 알고 있나 보다.

얼마 전에 우연히 라디오에서 흘러나오는 소리를 들으니, 진행자가 어린이들에게 진달래는 산비탈의 메마른 곳에서 많이 난다고 일러주는 것이 아닌가. 진달래에 대해서 사람들이 또 하나 그릇되게 알고 있는 것이 있다면, 이처럼 메마른 곳에서 잘 자란다고 하는 것이다. 이는 진달래가 양지쪽에 많이 난다는 잘못된 상식과 관련이 있다고 생각되는데 양지바른 쪽은 메마른 것이 보통이므로 사람들은 으레 그러려니 짐작하는 것이리라.

그러면 진달래가 실제로 많이 발견되는 음지쪽의 토양은 메마른가? 아니다. 진달래가 산의 북사면에 많이 나는 것은 다른 환경요인들보

● 철쭉. 사람들은 정원에서 키우는 관목으로 진달래의 사촌인 철쭉을 선호한다. 철쭉이 진달래보다 색이 진하고 오래가기 때문이다. ⓒ이원종

다 토양수분에 더 많이 의존하기 때문이다. 즉 토양수분이 풍부하여 땅표면에 이끼가 낄 정도로 축축한 곳에서 진달래는 잘 자란다.

진달래에 관한 또 다른 오해는 진달래는 산성토양에서만 자란다는 것이다. 실제로 야외에서 조사해보면 진달래가 나는 곳의 토양이 대체로 산성을 띠는 것은 틀림이 없었다. 이것은 진달래가 산성토양에서 오랜 시간 동안 적응하면서 다른 식물과의 경쟁에서 이긴 결과로 생각된다.

그렇지만 내가 조사한 바로는 진달래가 많이 자라는 곳의 토양 산성도는 진달래가 별로 없는 곳의 토양보다 산성이 비교적 약하였다. 즉 진달래를 중심으로 거기에서 멀어질수록 토양의 산성도는 점점 더 강해지는 경우가 많았다.

진달래는 또한 앞에서 지적한 것처럼 바다에서 멀리 떨어진 지역에서 많이 나타났는데, 이런 분포가 염분을 품은 바람의 영향 탓인지 혹은 다른 어떤 이유 때문인지는 제대로 파악할 수 없었다. 이 점은 앞으로 누군가가 규명해야 할 과제이다.

요즈음에는 전원주택이나 심지어 도시의 아파트 단지에서도 진달래를 자주 발견할 수 있다. 정원에서 키우는 관목으로는 진달래보다 훨씬 색이 진하고 오래가는 철쭉을 선호하는 것이 사실이지만 그래도 철쭉이 어디 진달래의 청초하고 가련한 모습에 비기겠는가? 그런데 진달래에 대한 우리의 고정관념이 얼마나 강한지 아직도 남쪽 화단에, 그것도 온종일 해가 내리쬐는 장소에 진달래를 심는 일이 흔하다.

진달래는 개나리와 다르다. 개나리는 양지식물인 반면 진달래는 음지식물에 오히려 가깝다. 만약 여러분 집에 진달래 화분이 있다면 이제 그것을 해가 덜 드는 한구석으로 옮겨놓으시라. 그러면 내년 봄에는 보다 선명하고, 오래가는 진달래꽃을 감상할 수 있을 것이다. 참고로 진달래 사촌인 철쭉은 온종일 햇볕이 내리쬐는 양지에서 자란다. 산등성이에 철쭉 동산이 나타나는 데 반해서 진달래꽃은 오직 숲속에서만 발견되는 것도 그런 이유이다.

🖋 보기에도 서글픈 꽃이 있다오

다음은 백과사전에 나와 있는 어떤 식물에 대한 설명이다.

> 노고초(老姑草)·백두옹(白頭翁)이라고도 한다. 산과 들판의 양지쪽에서 자란다. 곧게 들어간 굵은 뿌리 머리에서 잎이 무더기로 나와서 비스듬히 퍼진다. 잎은 잎자루가 길고 5개의 작은 잎으로 된 깃꼴겹잎이다. 작은 잎은 길이 3~4센티미터이며 3개로 깊게 갈라지고 꼭대기의 갈래조각은 나비 6~8밀리미터로 끝이 둔하다. 전체에 흰 털이 빽빽이 나서 흰빛이 돌지만 표면은 짙은 녹색이고 털이 없다.
>
> 꽃은 4월에 피고 꽃자루 끝에서 밑을 향하여 달리며 붉은빛을 띤 자주색이다. 꽃자루는 길이 30~40센티미터이고 작은 포는 꽃대 밑에 달려서 3~4개로 갈라지고 꽃자루와 더불어 흰 털이 빽빽이 난다. 화피갈래조각은 6개이고 긴 타원형이며 길이 35밀리미터, 나비 12밀리미터이고 겉에 털이 있으나 안쪽에는 없다. 열매는 수과로서 긴 달걀 모양이며 끝에 4센티미터 내외의 암술대가 남아 있다.
>
> 흰 털로 덮인 열매의 덩어리가 할머니의 하얀 머리카락같이 보이기

때문에 이 식물의 이름이 붙었다. 유독식물이지만 뿌리를 해열·수렴·소염·살균 등에 약용하거나 이질 등의 지사제로 사용하고 민간에서는 학질과 신경통에 쓴다. 전설에 의하면 손녀의 집을 눈앞에 두고 쓰러져 죽은 할머니의 넋이 산골짜기에 핀 꽃이라 한다. 한국, 중국 북동부, 우수리 강, 헤이룽 강에 분포한다.

여러분은 이 설명이 어떤 식물에 대한 것인지 알아차리겠는가? 정답은 할미꽃이다. 그런데 왜 동요에서는 '꼬부라진 허리'의 할미꽃을 노래하는데 우리나라 백과사전에서는 할미꽃의 '흰머리'만을 강조하는 것일까? 내가 유감스럽게 생각하는 것의 하나는 백과사전에 소개된 설명이 때로는 너무 생소해서 식물학자인 나조차도 그런 설명만으로는 식물 이름을 제대로 맞히기가 어렵다는 점이다. 참고로 미국 백과사선에 소개된 할미꽃에 대한 설명을 한번 살펴보자.

미나리아재빗과(Ranunculaceae)에 속하는 다년생 식물. 미국에서는 두 종이 발견되는데 한 종은 유럽에서 전해져서 부활절 무렵에 핀다고 하여 이스터꽃으로 불린다. 미국 토착종 역시 유럽종과 거의 유사한데 중북부 초원지대에서 많이 발견되며 꽃은 푸른빛을 띠고 종 모양을 한다. (꽃이 질 때의 모양이 은색 머리처럼 보인다고 해서) 봄의 전령사이자 노인세대의 상징으로 잘 알려져 있으며 또한 인디언들의 노래와 전설에 자주 등장한다. 노스다코다주의 주화이기도 히다. 몸통이 짧고 한데 모여 지리면서 힌끼번에 무수힌 솜뙬을 날리기 때문에 마치 아지랑이가 낀 것처럼 보이기도 한다. 바로 이런

● 할미꽃. 우리나라나 서양이나 이 꽃의 모양에서 노인의 모습을 떠올린다는 점은 같다. ⓒ이원중

이유로 해서 프레리 지방에서는 '들판의 아지랑이'라는 애칭으로 불리기도 한다. 미국 토착종에 대해서는 풋내기꽃, 모래꽃, 바람꽃, 야생 크로커스, 아네모네 등의 별명이 있다. 과거에는 할미꽃과(科)라고 하여 별도의 과에 포함시켰지만 최근에는 미나리아재빗과에 통합시켜 분류하고 있다.

'흰머리' 할미꽃의 설명은 어쩌면 미국 백과사전에서 비롯된 것인지도 모르겠다. 어쨌든 우리나라나 서양이나 그 모습에서 노인을 연상한다는 것만큼은 견해가 일치한다.

봄볕이 따사롭다고 하기에는 이른 봄, 누르스름한 잔디밭에 흰 털을 뒤집어쓴 자주색 할미꽃이 한두 포기씩 피어 있는 것을 보면 '봄이 왔구나' 하는 느낌을 갖게 된다. 할미꽃은 겨울 날씨가 혹독하게 추운 곳에서는 자라지 못하기 때문에 높은 산에서는 볼 수 없다. 영국이나 스웨덴에서는 600미터 이상 고지에서는 나지 않으며, 주로 석회암지대나 백령토지대에 난다고 한다. 우리나라에서 조사한 바에 의하면 할미꽃은 500미터 이상의 고지에서는 나지 않으며 남사면의 풀밭이나 양지바른 무덤에서 흔히 나는데, 무덤 주위에서는 1평방미터에 세 포기 내지 예닐곱 포기가 발견된다고 알려져 있다.

그런데 할미꽃은 왜 특히 무덤가에서 자주 발견되는 것일까? 사람들은 양지바르고 건조한 장소에 묘를 쓰는데 그런 곳을 할미꽃이 좋아하기 때문이다. 모처럼 찾은 조상님 무덤 주변에 할미꽃이 많다면, 후손들은 양지바르고 물이 잘 빠지는 제대로 된 묏자리를 잡았다고 좋아해야 하지 않을까?

그런데 유럽에서는 할미꽃이 석회암지대에서 많이 난다는 점을 들어 석회분이 많은 알칼리성 토양을 선호하기 때문에 무덤가에서 많이 발견된다는 주장도 있다. 우리나라에서는 전통적으로 시신을 매장할 때 보존재로 석회를 많이 쓰는데 이 때문에 할미꽃이 무덤가에 많이 난다는 것이다. 그러면 석회를 쓰지 않은 무덤에는 어떠할까? 이 질문에 내해 한 가시 힌트가 있는데, 골프장에서는 매년 봄이면 할미꽃을 제거하는 데 애를 많이 먹는다고 한다. 띠스한 봄이 오면 야외로 나가 할미꽃이 어디에서 발견되는지 한번 조사해보시라.

마지막으로 할미꽃에 관해서는 다음과 같은 전설이 전해진다.

두 손녀를 키워 시집보내고 혼자 살던 할머니가 늙어 힘이 없어지자 손녀를 찾아 나섰다. 그런데 큰 손녀는 할머니의 초라함이 남들 보기에 부끄럽다며 애써 찾아간 할머니를 문전박대하였다. 밥 한술 못 얻어먹고 쫓겨난 할머니는 다시 마음씨 고운 둘째 손녀를 찾아 나섰다. 히지민 이미 기력이 다한 할머니는 산모둥이를 놀 기운고 차 없어 둘째 손녀가 사는 마을 어귀에 쓰러져 죽고 말았다.

● 이른 봄에 피는 제비꽃(큰 사진),
화창한 봄이 오면 피는 미나리아재비(작은 사진). ⓒ이원중

● 국화과의 두해살이풀 개망초(큰 사진),
국화과의 여러해살이풀인 벌개미취(작은 사진 왼쪽)와
쑥부쟁이(작은 사진 오른쪽). ⓒ이원중

뒤늦게 이 사실을 알게 된 둘째 손녀는 할머니의 시신을 양지바른 곳에 고이 모셨다. 이듬해 봄, 무덤에서는 할머니의 생전 모습을 닮은 꽃 한 송이가 피어났는데 효심 지극한 둘째 손녀는 그 꽃을 할미꽃이라 불렀다고 한다.

꽃달력을 만들자

이른 봄에 가장 먼저 피는 꽃으로는 냉이와 꽃다지를 빼놓을 수 없다. 아직 찬바람에 코끝이 찡한 날씨임에도 불구하고 안개꽃처럼 작디작은 꽃을 달고 있는 그 작은 풀들을 바라보노라면 차라리 가련해 보인다. 냉이는 흰 꽃을, 꽃다지는 노란 꽃을 마치 작은 별처럼 달고 있는데 양지바른 잔디밭에서는 지열을, 나무 밑에서는 나무의 온열을 받기 때문에 다른 식물들보다 먼저 꽃을 피울 수 있는 것이리라. 봄이 되면 그 밖에도 많은 꽃들이 거의 같은 시기에 피어서 이른 봄의 장관을 연출한다.

계절의 변화는 수목이나 관목에서보다는 오히려 야생화들에서 훨씬 더 민감하게 느낄 수 있다. 서울 근처의 풀밭에서 발견되는 사계의 경관을 대표하는 꽃 종류를 들어보면, 이른 봄은 할미꽃, 냉이, 꽃다지, 제비꽃으로 상징된다. 이제 그야말로 화창한 봄이 찾아왔다고 말해주는 꽃들로는 솜방망이, 미나리아재비, 씀바귀 등이 있다. 풀밭에 찔레꽃이 그윽한 향기를 풍길 무렵이면 논두렁에는 붓꽃이, 산허리에는 애기붓꽃과 엉겅퀴가 다투어 피어서 완연한 초여름을 자랑한다.

날씨가 점점 무더워지고 사방에 풀들이 무성해지는 6월로 들어서면 야생화들은 여름방학을 맞는다. 그러다 뒷동산에 마타리가 그 큰 키를 쭉 뽑고 머리에 노란 꽃을 달기 시작할 즈음에야 비로소 야생화들도 다시 꽃을 피우기 시작한다. 하늘이 끝없이 높고 맑게 개는 가을의 문턱에 이르면 온 산과 들은 들국화 세상이고 간간이 발견되는 야생 도라지의 청초한 모습은 천고마비 계절의 시원한 맛을 풍긴다.

길가에 핀 미역취와 물레둥이는 늦은 가을을 알리는 동시에 이미 초겨울로 바짝 다가섰음을 귀띔해준다. 초겨울이라고 하기에는 아직 이를지 모르겠지만 나날이 시들어가는 풀숲에서는 들국화 몇 송이가 고즈넉하게 따스한 햇볕을 받고 있는 것을 볼 수 있다. 들국화가 늦여름에서부터 초겨울까지 오랫동안 꽃을 피울 수 있는 것은 그것이 어느 한 가지 종을 가리키는 것이 아니라 가을에 피는 국화과 식물을 통틀어서 부르는 이름이기 때문이다. 대표적인 들국화는 구절초이지만 산국, 감국, 개미취, 개망초, 쑥부쟁이, 벌개미취 등도 국화과이다.

요즈음에는 우리 것에 대한 관심이 높아져서 서점에 가보면 우리나라 야생화에 대한 책들이 몇 권씩이나 나와 있다. 하지만 사람들의 생활이 점점 더 바빠져 산과 들을 직접 찾기에는 벅찬 것 또한 사실이다. 그렇다면 우리나라 사계의 경관을 잘 보여주는 '꽃달력'을 한번 만들어보면 어떨까? 그래서 사무실이나 집 벽에서 우리 야생화 사진을 항상 볼 수 있다면 자연을 사랑하는 마음 역시 그만큼 더 커질 수 있지 않을까?

공해를 모르는 비무장지대의 식물 풍경

DMZ는 어떤 곳인가

휴전선, 요즈음에는 DMZ(De-Militarized Zone)로 더 많이 알려진 곳, 하지만 휴전선과 DMZ는 엄연히 구별되는 용어이다. 휴전선이란 한국전쟁이 끝나고 남과 북이 서로 대치하는 지점에서 그은 경계선을 의미하고, DMZ란 비무장지대로 번역되는데 휴전선을 중심으로 해서 남과 북의 군대가 서로 2킬로미터씩 후퇴해서 남겨놓은 비워진 공간이다. 그런데 사실은 이런 DMZ에 이어서 그 후방에 다시 폭 5~20킬로미터의 민간인통제선, 속칭 민통선이 설정되어 있다. 따라서 보통 우리가 말하는 비무장지대란 248킬로미터 휴전선을 따라서 7~20킬로미터 폭으로 펼쳐져 있는, 민간인의 출입이 허용되지 않는 드넓은 지역을 모두 포함한다.

DMZ는 한반도의 허리 부분을 가로질러 동서로 뻗어 있다. 따라서 DMZ에는 한반도의 단면이 그대로 반영되는데 태백산맥을 경계로 동부는 급사면, 서부는 완경사면을 이루는 형상이다. 동부 산악지대에는 향로봉이 최고봉으로 동해안까지 뻗어 있으며 서부는 광주산맥, 추가령열곡(楸哥嶺裂谷), 마식령산맥(馬息嶺山脈)의 일부가 DMZ에 포함된다. 태백산맥 서쪽의 DMZ에는 해안분지(亥安盆地)라고 해서 가칠봉(加七峰, 1242미터)·대우산(大愚山, 1179미터)·두솔산(兜率山, 1148미터)·대암산(大巖山, 1304미터)·달산령(807.4미터) 등에 둘러싸인 남북 길이 8킬로미터, 동서 길이 75킬로미터의 장방형 분지가 발달해 있다. 이 분지는 바닥의 평균 표고가 450미터인데 반해서 주변부를 둘러싸고 있는 산들은 1000미터급 고봉들이기 때문에 멀리서 보면 그 모습이 마치 화채 그릇 같다고 하여 영어로 펀치볼(Punch Bowl)이라는 이름이 붙여졌다.

DMZ의 중간 부분은 한탄강을 중심으로 해서 북서부 평야 지역과 남동부 산지로 구분된다. 서쪽으로 발달한 평야 지역은 200~500미터 두께의 용암대지의 일부이며 동부 산지는 1000미터 내외의 광주산맥의 순령이 연속되고 있다.

수도권 동북쪽에 해당하는 중서부 지역은 광주산맥, 추가령열곡, 마식령산맥의 일부가 포함된다. 연천·전곡 등지에서는 평강 부근에서 분출한 현무암질의 용암이 한탄강과 임진강의 유로로 흘러들어 소규모 용암대지를 형성하는데, 그 결과 우리나라에서는 보기 드문 깎아지른 절벽과 낭떠러지를 형성하고 있다. 용암대지의 풍화된 토양은 비옥해서 곡창지대를 이루는데 철원평야가 바로 그것이다.

서부 지역은 추가령열곡의 비교적 넓은 요(凹)자형 계곡이 발달했는데 서해안까지 표고 100미터 내외의 구릉이 번갈아 나타난다. 임진강 중·하류는 구릉지가 더욱 낮아져서 저지대에는 충적토가 퇴적되

● 갈대가 우거지고 잡초가 무성한 비무장지대.
50년이 넘도록 변하지 않는 모습이다.

어 매우 비옥한 평야를 이룬다. 서해안 해안선에는 간석지가 매우 넓게 발달 해있다. 조수가 드나드는 갯벌은 구릉 사이의 충적지와 더불어 해안평야를 이루고 있다.

DMZ의 지형이 이처럼 지역에 따라서 아주 다양하게 나타나는 것처럼 그곳에 서식하는 동식물상도 역시 지역에 따라서 적지 않은 차이가 날 것이 분명하다. DMZ는 정확하게 1953년 7월 27일 종전과 함께 설정되었으니까 이제 햇수로 50년을 훌쩍 넘긴 나이가 되었다. 그동안 DMZ의 생물상에는 어떤 변화가 있었을까?

내가 찾아본 DMZ

요즈음에는 남북 관계의 개선으로 양측이 서로 오가는 사이까지 발전해 비무장지대 출입도 상당히 자유로운 것이 사실이다. 하지만 과거에는 사정이 전혀 그렇지 못했다. 나는 휴전이 되고 나서 13년이 지난 1966년에 DMZ를 처음 방문했는데 당시에는 완전무장한 군인들의 호위하에 상당히 조심스럽게 일부 지역만을 답사할 수 있었다. 그리고 다시 10여 년의 세월이 흘러서 1986년에 다시 한번 비무장지대를 찾아볼 수 있는 기회를 얻었다. 다음의 기록은 당시의 답사를 회상한 것이다.

10년이면 강산도 변한다는 속담도 있듯이 10여 년 만에 다시 찾은 DMZ도 많이 변했을 것이라고 생각했다. 사실 우리는 조사를 떠나며 그동안 숲이 우거지고, 버려진 논밭은 크게 달라졌을 것이라 예상했었다. 1966년에 처음 찾았던 DMZ에는 전쟁의 참화가 아직도 가시지 않은 채 남아 있었고, 또 남북이 준전시하에 경계가 엄중해서 비무장지대의 산들은 거의 민둥산이나 다름없었기 때문이었다.

그러나 다시 찾은 DMZ는 과거와 별반 다름없었다. 물이 고인 논에는 갈대가 우거지고, 밭에는 잡초가 무성할 뿐 산과 들에 참나무, 소나무, 아카시아 등이 좀더 자란 것이 고작이었다. 그도 그럴 것이 하나의 숲이 10여 년 동안에 다른 숲으로 변할 수는 없으며, 논과 밭의 잡초 역시 그리 쉬 바뀌지는 않을 것이기 때문이다.

우리가 찾았던 DMZ의 서부 지역, 즉 문산지구는 미군이 관리하고 있었는데 산야의 식생이 휴전 후 그대로 보존되어 있어서 자연적인 환경조건 속에서 식생이 어떻게 변화했는지를 비교적 잘 관찰할 수 있었다. 하지만 중동부 전선의 철원지구에는 국군이 주둔하고 있어서 경계가 삼엄하기 짝이 없었다. 그래서 그랬는지 민통선 부근의 산과 들은 시야를 확보하기 위해서 방화를 했거나, 땔감용으로 나무를 많이 베었기 때문에 버려진 논과 아무도 접근할 수 없는 지뢰지대 이외에서는 자연 식생의 변천과정을 거의 추적하기 어려웠다.

서부 문산지구 산야에 발달한 식생은 평지에서 산꼭대기로 향하여 길게 띠를 이루면서 우리나라 식물 군집의 전형적인 모습을 보여주고 있었다. 가장 낮은 곳에 위치한 논에는 갈대가 우거졌고, 그보다 조금 위쪽에 위치한 저습지에는 버드나무가 드문드문 무리지어 나 있었다. 그렇게 버드나무가 자라는 장소는 장마철이나 또는 큰비가 내릴 때 잠깐씩 물에 잠기는 곳이 분명했다. 좀더 높은 곳에는 오리나무가 있고, 논둑에는 아카시아가 자라고 있어서 식물들이 종류에 따라서 수분에 대한 선호도가 어떤지를 여실히 보여주고 있었다. 산기슭으로 접어들면서부터는 참나무를 주로 하는 낙엽활엽수림이 형성되는데 산등성이를 지나서 거의 산꼭대기에 이르기까지 발달해서 우점종(優占種, 식물 군집 안에서 가장 수가 많거나 넓은 면적을 차지하고 있는 종)의 위치를 굳히고 있었다. 메마른 산꼭대기 부근에서는 오직 소나무만이 발견될 뿐이었다.

　서부 지역에서 고도에 따라 띠처럼 좁고 길게 발달한 식물 군집은 오랫동안 그대로 지속될 것으로 생각된다. 왜냐하면 아무리 평지라고 해도 논들은 계단식으로 배열되는 것이 보통인데 가장 낮은 곳의 무논(물을 쉽게 댈 수 있는 논)은 여름철이면 항상 물이 그득하게 들어차 있기 때문이다. 이런 논이라면 필경 갈대 이외 식물의 침입은 거의 불가능할 것이다. 또한 주위 산이나 구릉에는 곧잘 낙엽활엽수 숲이 발달했는데 그렇다면 여름철 강우기에도 토양 유실을 염려할 필요가 별로 없었을 것이다. 논의 입장에서 본다면 토사가 유입돼 토양이 퇴적될 일이 거의 없고 또 건기에도 항상 물에 잠기는 특성상 식물 유체가 쉽게 분해될 가능성이 높다고 할 수 있다. 그렇다면 연못이 메워져 습지로 변하고, 또 그 습지에 식물이 번성해서 숲으로 변모되는 전형적인 수성천이(水性遷移)는 그 이상 진행되지 못할 것이다.

서부 구릉지에 버려진 밭에는 억새, 새, 솔새 등의 화본과(禾本科, 볏과) 식물이 커다란 군집을 이루고 있었으며, 군데군데 쑥의 군락도 발견되었다. 그러나 아직 제대로 자란 나무들이 눈에 띄지 않은 것이 이상하게 생각되었다.

미국 생태학자들이 조사한 바에 따르면 노스캐롤라이나주 산록지대의 버려진 밭에서는 농사를 포기한 지 1년 후에 망초, 바랭이가 나타났고, 2년 후에는 쑥과 쐐기풀이, 3년 후에는 억새가 나타났다고 한다. 나무로는 군데군데 소나무와 활엽수들이 자라기 시작하는데 20년 후에는 활엽수가 크게 발달했다. 50~70년 된 솔숲은 25미터나 자라서 그 밑에 10미터나 되는 참나무, 가래나무가 산재하다가 100년 후에는 소나무와 함께 참나무, 가래나무 등이 큰 나무로 자라서 점차 낙엽활엽수가 우위를 차지하면서 안정된 상태에 도달하게 된다.

🖋 대암산 용늪의 생성 원인

여기서 나는 비무장지대에 인접한 대암산 정상 근처에 발달한 습원(濕原)에 대하여 언급하련다. 이 습원은 앞에서 설명했던 펀치 볼 지역의 남쪽, 대암산 서쪽 사면에 위치하는데 큰 용늪과 작은 용늪으로 나누어져 있으며 남한에서 유일한 고지습원(高地濕原)으로 알려져 있다.

이 습원의 기원에 대해서는 여러 가지 가설이 있는데, 지질학자들은 주로 지형적인 요인에서, 그리고 혹자는 지형이나 기후적 요인이 아닌 제3의 원인에서 그 기원을 찾고 있다. 대암산의 서북 경사면

● 대암산 용늪에 서식하는 물이끼. 습원에 물이끼류가 침입하면 건기에도 수분이 유지되면서 토양을 산성으로 만든다.

1200~1300미터 고지에 발달해 있는 큰 용늪은 양쪽 측면에서 흙, 모래가 흘러들어서 그 퇴적물이 습원을 형성했다는 것이 지질학자들의 주된 견해이다. 또 습원이 침엽수림이 아닌 낙엽활엽수림으로 형성되어 있고 고산지대에 흔히 출현하는 관목대가 거의 없다는 이유에서 기후가 습원 형성에 별 영향을 주지 않는 위고층습원(僞高層濕原)이라는 주장도 있다. 위고층습원이란 전형적인 고층습원(High moor)의 특성을 가지지 않는 유사 고층습원이라는 말이다. 하지만 그런 이론은 모두 습원이나 식생이 기후의 산물이라는 대원칙을 알지 못하는 데서 나오는 그릇된 견해이다.

이 습원은 대암산에서 서쪽으로 약 2킬로미터에 위치하는 무명 봉우리(1304미터)의 남쪽 약 1킬로미터 지점에 있으며 폭이 약 200미터, 길이가 약 300미터 되는 커다란 풀밭이다. 이 습원은 지형상 습원에 유입하는 하천이 직각으로 꺾이는 관계로 우기에는 상류에서 운반된 토사가 굴곡 지점에 퇴적되어서 작은 평탄면을 조성했고 그 평탄면에 물이 고여서 습원으로 된 것이다. 이 습원에 걸어 들어가 보니 물이끼(Sphagnum)가 쌓여서 중앙부가 불룩하게 되어 있는 전형적인 고층습원을 이루고 있었다.

고층습원은 고산이나 극지방 근처 한랭한 지방에서 배수가 잘 안 되는 침엽수림이나 낙엽활엽수림의 임상(林床: 산림의 아랫부분, 즉 지면 가까이에서 생육하는 관목류·초본류·이끼류 등을 한데 묶어서 부르는 말)에서 곧잘 발달하는데 여기에 물이끼류가 침입하면 건기에도 수분이 유지되면서 토양을 산성으로 만든다.

이렇게 습원의 물과 토양이 산성화되면 주변의 수목들도 차차 죽게 되는데 토양 속의 산소가 고갈되기 때문이다. 이런 일이 오랜 기간 지속되면 결국 관목이나 수목류의 나무들은 모두 사라지고 오직 초본류와 물이끼류만 남는 고층습원이 형성되는 것이다. 용늪의 경우처럼 배수가 불량한 고지에서는 극상림이 관목림이나 침엽수림이 아닌 고층습원이 되는 것이다. 이와 유사한 과정이 유럽과 북아메리카에서 볼 수 있는 삼림의 습원화 현상인데, 그런 냉습한 곳에서는 삼림이 습원으로 되기 때문에 이들 퇴행천이(退行遷移)라고 부른다.

대암산의 습원은 바로 이러한 퇴행천이의 좋은 보기라고 할 수 있다. 산꼭대기 부근의 평탄지뿐만 아니라 습원의 주위에도 참나무를 위시한 낙엽활엽수가 숲을 이루는데, 이렇게 숲이 밀림을 이루자 숲속의 공중습도가 높아지고 광선의 유입이 약해져 냉습한 상태를 초래하였으므로 임상에 물이끼들이 침입할 수 있었던 것이다. 물이끼는 공중의 습기를 흡수하여 위로 자라다가 죽은 식물체는 아래쪽에 쌓이게 된다. 이런 유체가 잘 썩지 않으면 토탄(Peat)으로 변하는데, 그것은 유체의 분해과정에서 생기는 산성 물질 때문에 토양이 산성화되어 유기물을 분해하는 토양 미생물의 활동이 불량해지기 때문이다. 결국 물속에 들어 있는 용존산소의 결핍으로 식물 유체는 썩지 않고 탄화 도중의 상태인 거무스름한 토탄이 되는 것이다.

실제로 습원 밑을 흐르는 물을 측정했던 결과 pH는 4.0~4.4의 강산성을 나타냈으며, 토탄은 곳에 따라 90센티미터 두께로 발달되어 있었다. 물이끼가 임상에 침입해 발달하는 대신 수목들은 점차 사멸되면서 결국은 넓은 고층습원이 형성된 것이다.

나는 이런 전형적인 퇴행천이를 입증하기 위하여 함께 간 연구원들에게 토탄을 캐보면 나무뿌리가 나올 것이라고 했는데, 아니나 다를까 여기저기서 썩다 남은 나무뿌리들이 나왔다. 모두 나의 견해가 옳다고 탄복해 마지않았다. 사실 습원의 동남쪽 가장자리에는 낙엽수림 속에 허옇게 죽은 나무들이 아직도 남아 있어서 습원이 번져나가고 있는 것을 알 수 있었다.

대암산 고층습원은 아직 토탄 속에 나무뿌리가 남아있는 것으로 보아 그것이 형성된 역사가 오래되지 않았다는 것을 알 수 있다. 또 고층습원을 이룬 물이끼와 더불어서 골풀, 달뿌리풀, 조름나물, 줄풀, 송이풀 같은 풀들이 함께 자라고 있었는데, 밀생한 숲에서나 발견되는 송이풀이 아직 잔존하고 있었다. 이런 사실은 그곳에 원래 숲이 있었다는 것을 증명해줄 뿐만 아니라 습원 생성의 역사가 의외로 짧다는 것을 뒷받침해주기도 한다. 물론 여기에는 그런 여러 종류의 풀들이 습원이 형성된 뒤에 이차적으로 침입했을 수도 있다는 이견을 제기할지도 모르겠다. 하지만 송이풀 같은 식물은 강한 산성을 띠는 토질에는 아예 침입이 불가능하기 때문에 그것이 오래전부터 근근이 잔존했을 것이라고 해석하는 것이 더 논리적인 것처럼 보인다. 이런 관점에서 본다면 과거 일제강점기에 제작된 지도에 대암산 용늪이 기재되지 않았다는 점도 수긍이 가는 일이다.

DMZ를 보호하자

내가 마지막으로 DMZ를 찾은 후 어언 20년의 세월이 흘렀다. 그리고 그동안 남북관계도 많이 변해서 이제 DMZ 출입도 예전과는 비교조차 할 수 없을 정도로 용이해졌다. 이처럼 한반도에 깃든 평화무드에 힘입어 최근에는 DMZ의 생태계 조사를 위한 행사도 간간이 진행되고 있다. 하지만 식물생태학자의 입장에서는 아쉬운 점이 적지 않은데, 아직도 DMZ의 생태계 연구만을 전문적으로 연구하는 변변한 연구소 하나가 없다는 것은 참으로 섭섭한 일이 아닐 수 없겠다. 물론 최근 들어서 개성공단 입주를 계기로 임진강 일대에서 활발한 생태계 조사연구가 진행되고 있으며 또 DMZ생태연구소(http://dmz.or.kr)와 같은 민간 연구기관들이 만들어지고 있어서 예전보다는 연구환경이 훨씬 나아졌고 또 상당한 연구들이 결실을 거두고 있는 것 또한 사실이다. 하지만 DMZ야말로 남북한을 통틀어서는 물론 동아시아 일대에서 지난 반세기 동안 사람의 손을 타지 않은 거의 유일한 장소가 아닌가? 그런 자연보전지구로서의 중요성을 감안할 때 이제는 정말로 정부 차원의 전담 연구소 설립이 시급할 때라고 생각된다.

2장

식물이 지구에서 살아남는 법

식물의 적지(適地) 무엇으로 결정될까?

왜 식물은 그곳에만 살까?

현재까지 조사된 바에 따르면 우리나라에는 4000여 종의 고등식물이 살고 있다고 한다. 좀더 정확히 말하자면, 잎맥이 평행으로 나 있고 수염뿌리를 특징으로 하는 외떡잎식물이 842종, 잎맥이 그물 모양이고 관다발이 개방형인 대부분의 수목류를 포함하는 쌍떡잎식물이 2815종, 고사리와 소철 등으로 대표되는 양치식물이 314종, 대부분 이끼류로 구성되는 선태류가 691종, 이렇게 해서 총 4662종이 학계에 보고되어 있다.

하지만 이런 식물 종수가 정확한 것은 아니다. 최근 국제적인 이동이 활발해지면서 정식 수입절차를 통해서, 또는 수입화물에 섞여서 많은 식물종들이 국내에 반입되고 있기 때문이다. 지난 반세기 동안 우리나라 산림이 전 세계적으로 전례를 찾아볼 수 없을 만큼 급속히 육성되었고 그 속에서 자라는 식물종 또한 예전보다 늘어났을 것이다. 숲이 무성해지면 자연히 그 속에서 서식하는 동식물의 종수도 같이 늘어나는 것이 자연의 법칙이기 때문이다.

그런데 여러분은 어떤 식물은 왜 특정한 장소에서만 발견되는 것인지 생각해본 적이 있는가? 민들레는 왜 사람들이 자주 왕래하는 둑길에서 유독 많이 발견되고, 할미꽃은 왜 무덤가에서 자주 발견되는 것일까? 대나무는 담양에서 가장 잘 자라고 동백꽃은 서남해안에서 아름다운 꽃을 피우는가?

이런 간단한 질문에 답을 구하고자 하는 것이 바로 생태학의 요체라고 할 수 있다. 특히 식물을 중심으로 연구하는 식물생태학은 자연에 분포하는 식물들을 대상으로 그것들이 어디에, 어떻게 분포하며 또 왜 그곳에 분포하는지를 연구하는 학문이다. 그러면 지난 100여 년 동안 꾸준히 발전을 거듭했던 식물생태학은 우리의 질문에 어떤 해답을 줄 수 있을까? 이제 차근차근 생각해보기로 하자.

기후가 식물의 분포를 결정한다

한라산은 식물의 분포가 다양하다. 왜 제주도 남쪽 서귀포시에는 귤나무가 무성한데 그 반대편인 제주시에서는 귤나무를 찾아보기 어려운 것일까? 왜 한라산을 오르면 처음에는 초본류가, 그리고 활엽수림과 침엽수림에 이어서 정상 부근에 이르면 관목대가 나타나는 것일까?

그 이유는 물론 기후가 다르기 때문이다. 가장 크게는 온대기후니 냉대기후니 하는 구분에 따라 식물분포가 결정적으로 달라질 것이다. 이런 식의 기후대 구분은 1884년 독일의 기후학자 쾨펜(W. Köppen)

냉대 기후

1월
평균기온 −3℃

온대 기후

쾨펜식 구분에 의한 한반도의 기후분포

이 전 세계의 기후권을 6기후대 24개 기후구로 나누었던 것에서 비롯되었는데, 그 후 많은 학자들의 연구로 현재는 6기후대 66개 기후구로 나뉘었다.

그러면 쾨펜식 기후구분에 의하면 우리나라의 기후분포는 어떠할까? 우리나라는 남북한을 합쳐도 그리 큰 나라가 아니다. 겨울 추위는 남북한이 크게 다르지만 여름 더위는 한반도를 통틀어서 별반 차이가 없다. 그래서 기후구분도 단조로울 수밖에 없는데 쾨펜식 구분에 따르면 가장 추운 1월 평균기온이 섭씨 영하 3도에 해당하는 선을 경계로 해서 그림과 같이 온대와 냉대 기후로 구분된다.

중서부지방에서는 평택과 천안의 북부가, 동부지방에서는 금강산 북부가 냉대기후대에 속하고 남한의 대부분은 온대기후대에 속하는 것이다. 그런데 이런 식의 기후구분은 너무나 단순해서 식생분포를 설명하는 데는 적합하지 않다. 그래서 우리는 우리나라의 기후에 대해서 조금 더 자세히 살펴볼 필요가 있겠는데, 다음 그림에서는 우리나라의 연평균기온과 강수량 분포, 그리고 1월과 8월의 평균기온 분포를 각각 제시하였다.

다음 네 지도에서는 강원도 태백산맥 일대가 가장 뚜렷한 특징을 보이는데 그것은 태백산맥의 영향인 것이 분명하다. 그 밖에 다른 특징으로는 남쪽에서 북쪽으로 올라가면서 기온이 점점 낮아지는 것을

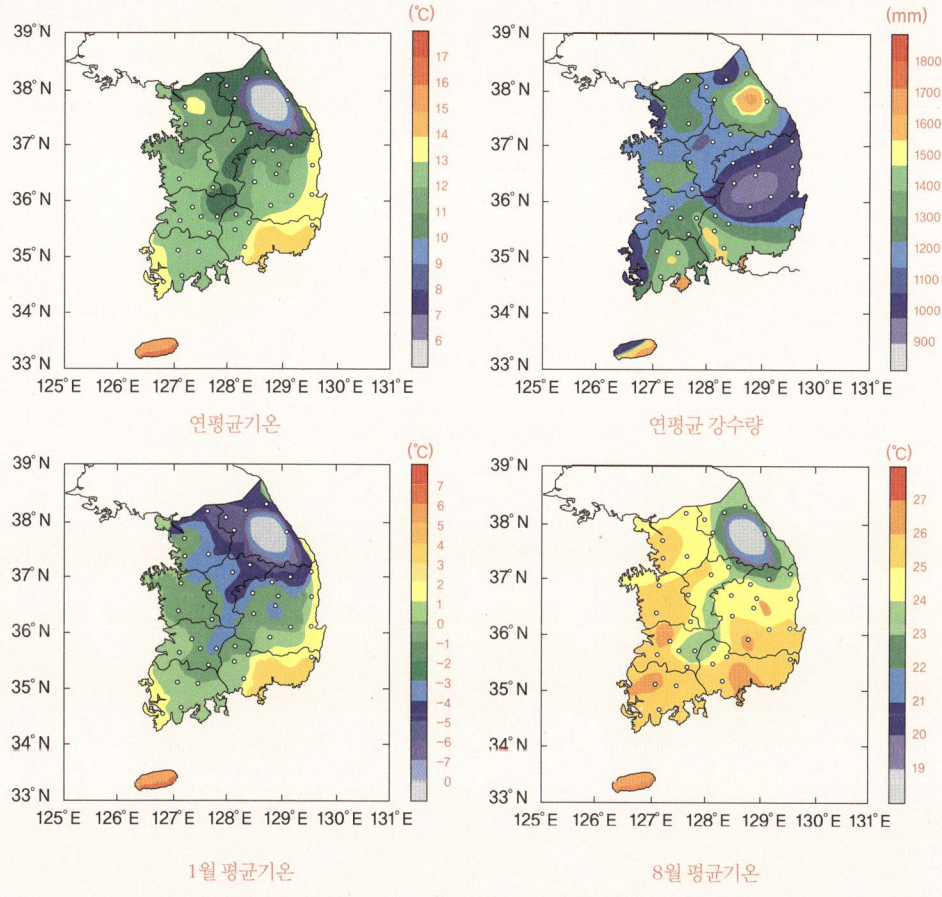

연평균기온

연평균 강수량

1월 평균기온

8월 평균기온

우리나라 기온과 강수량 분포

제외한다면 기온은 태백산맥 서쪽, 중부 내륙지방에서 가장 낮고 강우량은 영남지방이 가장 적다는 것이다. 해안지방 기온이 내륙지방보다 높은 것은 우리가 잘 알고 있듯이 바다의 영향 때문이다. 영남지방의 강우량이 적은 것은 서해안에서 발달한 비구름이 동쪽으로 이동하면서 호남지방에 많은 비를 뿌리기 때문으로 해석되는데 사실상 강우량의 차이는 그리 큰 편이 아니다.

그러면 네 지도에서 우리나라의 식물분포를 가장 잘 반영하는 것은 무엇일까? 이 대답은 곧 여러 기후요소들 중에서 어떤 것이 식물분포를 결정하는 데 가장 중요하게 작용하는지를 알 수 있게 할 것이다. 이를 위해 다시 한번 앞의 지도들을 살펴보기로 하자. 먼저 우리나라의 연평균기온 분포는 고도가 높은 강원도 태백산맥 일대를 제외하면 제주도가 섭씨 17도 정도이며 서울이 섭씨 12도 정도로, 약 5도 정도의 차이만 날 뿐이다. 연평균 강우량 분포의 차이는 기온 차이보다 약간 더 커서 비가 가장 많이 내리는 서귀포 지방과 남해안 일대에서는 연간 1900밀리미터나 내리는 반면 영남 일부 지역에서는 겨우 1200밀리미터에 불과하다.

그러면 가장 추운 1월과 가장 더운 8월의 평균기온 분포는 어떠할까? 1월의 평균기온 분포는 강원도 태백산맥 지역을 제외하더라도 제주도 남부에서는 섭씨 7도일 때 서울의 평균기온은 섭씨 영하 3도로, 무려 10도의 차이를 보인다. 남해안 지역이 섭씨 2도 정도임에 반해서 그곳에서 불과 수십 킬로미터 북쪽에 위치한 지리산 일대에서는 섭씨 영하 5~6도를 보일 만큼 기온 차이가 크다. 그런데 이런 1월 평균기온 분포에 비한다면 여름철의 기온분포는 거의 차이가 없다고 할 수 있다. 남한 전역을 통틀어 가장 더운 지방과 가장 시원한 지방의 차이는 겨우 섭씨 5도 정도에 불과하다.

이제 여러분은 식물분포에서 어떤 기후요소가 가장 중요하게 작용하는지 대답할 수 있겠는가? 물론 정답은 1월 평균기온 분포이다. 이것은 식물의 입장에서 생각해본다면 훨씬 더 쉽게 설명할 수 있다.

대부분 식물들은 기온이 섭씨 0도 이하로 내려가는 겨울철에는 생장을 중지한다. 사실 식물들은 추운 겨울이 닥치기 훨씬 전부터 동면을 준비하는데 그 기간이 얼마나 긴지에 따라 겨울 준비도 달라질 것이다. 또 겨울이 얼마나 추운지도 자신들의 생존에 직접적인 영향을 미칠 것이다. 마치 시베리아에 사는 사람과 우리나라 사람의 겨울 준비가 크게 다른 것처럼 한반도 나무들과 시베리아 나무들도 그렇다.

여기에 비해서 여름을 맞는 준비는 사람들조차 나라에 따라서 거의 차이가 없다. 혹독한 겨울 추위를 자랑하는 모스크바에서도 사람들이 여름에는 반팔 옷을 입는데 그것은 우리나라 사람들 역시 마찬가지이다. 물론 식물이라고 해서 별다를 것이 없다.

결국 식물도 우리 사람들과 마찬가지로 자신들이 생활하는 지역의 기후에 지배를 받는 것이다. 식물생태학자들이 어떤 면에서는 기후학자로 불려도 좋은 것은 바로 이런 이유 때문이다. 기후학자들이 연구실에서 기온이나 강수량, 습도, 풍향과 풍속 등 기후요소의 측정과 통계 처리에 여념이 없을 때 식물생태학자들은 산과 들을 직접 찾아나서서 각 지방의 식물분포를 조사한다.

뒤의 그림은 현장조사를 통해서 얻어진 우리나라의 식생분포도인데, 놀랍게도 앞에서 제시한 우리나라 1월 평균기온 분포와 대단히

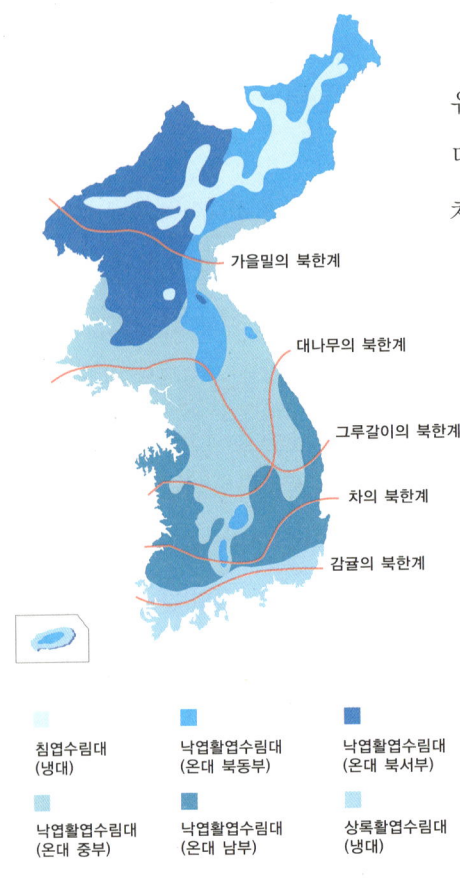

가을밀의 북한계

대나무의 북한계

그루갈이의 북한계

차의 북한계

감귤의 북한계

침엽수림대
(냉대)

낙엽활엽수림대
(온대 북동부)

낙엽활엽수림대
(온대 북서부)

낙엽활엽수림대
(온대 중부)

낙엽활엽수림대
(온대 남부)

상록활엽수림대
(냉대)

우리나라의 식생분포

유사하다.

따라서 우리나라의 식생분포는 일차적으로 기후, 특히 겨울 추위의 정도에 따라 결정된다고 할 수 있다. 우리나라는 제주도와 남해안의 상록활엽수림대, 지리산을 중심으로 동서해안을 따라서 각각 평택과 울진까지 올라가는 온대남부 낙엽활엽수림대와 중부지방의 대부분을 차지하는 온대중부 낙엽활엽수림대, 그리고 북한의 개마고원 일대 침엽수림대(냉대)를 제외하면 모두 낙엽활엽수림대에 속하지만 동부와 서부 지역이 다소 다르게 나타난다.

미기상도 기후에 못지않게 중요하다

하지만 기후만으로 식물의 분포를 설명하기에는 어딘가 부족하다는 느낌이 들지 않는가? 서울과 부산의 식물종이 다르고 한라산이나 지리산의 식물이 고도에 따라서 다르게 나타나는 것은 충분히 기후 영향으로 설명할 수 있지만, 어떤 식물을 햇빛이 잘 드는 양지쪽에서나 수분이 많은 하천변이나 연못가에서 자주 볼 수 있는 것은 어떻게 설명해야 할까?

화분에 식물을 가꾸어본 사람이라면 누구나 다 잘 알겠지만 식물의 성장에는 적당한 영양소가 공급되어야 하는 것은 물론 온도와 수분, 햇빛 등의 제반 환경조건도 적절하게 맞아야 한다. 여기에서 말하는 환경조건을 전문적인 용어로는 미기상(micrometeorology) 또는 미기후(microclimate)라고 하는데 식물이 서식하는 바로 그 장소의 국지적인 기상상태를 의미한다. 일례로 같은 온실에서 키우는 식물이라도 어떤 식물에는 햇빛가리개를 설치해주고 또 어떤 식물에는 물 주는 횟수를 크게 줄이기도 한다. 바로 각 식물종에 따라서 그들에게 적합한 미기상 조건을 만들어주는 것인데 정원사들의 그런 배려가 식물의 생장에 얼마나 중요한 영향을 미치는지는 명약관화하다.

마찬가지로 자연계의 식물들도 자신들에게 적합한 환경조건을 찾아서 서식하는 셈인데 발도 없는 식물들이 어떻게 스스로 그런 곳으로 옮겨갈 수 있었을까? 식물들이 직접 이동하는 것은 물론 아니다. 식물의 씨앗이 우연히 자신에게 적합한 환경조건을 갖춘 장소에 떨어졌을 때만 제대로 발아할 수 있고 또 잘 자랄 수 있는 것이다. 만약 그런 환경조건을 못 갖춘 곳에 씨앗이 떨어졌다면 당연히 발아도 되지 못할 것이고 설령 발아가 되더라도 성장이 더뎌서 다른 식물들과의 경쟁에서 도태될 것이다. 그래서 결과적으로는 각 식물이 마치 자신에게 가장 적합한 환경을 찾아서 생육하는 것처럼 보인다.

식물에게 햇빛은 마치 우리가 먹는 음식과 같이 중요하다. 그래서 대다수 식물들은 햇빛을 잘 받을 수 있는 양지쪽을 선호하는데 반드시 그렇지만도 않은 것이 음지쪽을 선호하는 식물들도 우리 주변에서 얼마든지 찾아볼 수 있다.

햇빛 양이 증가하면 거기에 따라서 식물의 광합성률도 증가한다. 그런데 식물이 제대로 성장하기 위해서는 광합성률과 호흡률이 동일하게 일어나는 광보상점(光補償點, light compensation point) 이상의 햇빛이 반드시 요구되는데 우리나라에서 서식하는 식물들의 대부분이 이 광보상점이 1만 5000~4만 럭스(lux) 범위에 있다. 그런가 하면 햇빛 양이 더 많아져도 광합성률이 더는 증가하지 않는 광포화점(光飽和點, light saturation point)도 있는데 그 범위는 대략 40만~80만 럭스이다.

우리가 흔히 양지식물이니 음지식물이니 하는 것은 식물종마다 이런 광보상점과 광포화점이 다른 것에 착안하여, 광보상점이 높고 광포화점이 높은 식물을 양지식물로, 또 광보상점과 광포화점이 상대적으로 낮은 식물을 음지식물로 부르는 것이다. 양지식물과 음지식물의 중간에 해당하는 식물을 반음지식물이라고 부른다.

그러면 양지식물과 음지식물에는 어떤 것들이 있을까? 우리가 잘 아는 소나무나 향나무, 아카시아 등은 대표적인 양지식물이다. 들판에 나 홀로 서 있는 나무나 산에서도 드문드문 서 있는 나무는 대부분 양지식물에 속한다. 집에서 기르는 소철이나 화단에서 기르는 대부분의 꽃 종류들도 양지식물에 해당하는데 불로화(풀솜꽃), 솜다리, 채송화, 백일홍, 코스모스, 선인장류 등이 여기에 포함된다. 음지식물은 일반적으로 잎이 넓고 얇으며, 그 수가 적은 것이 특징인데 고사리류, 아이비(담쟁이덩굴), 맥문동, 베고니아 등이 여기에 속한다. 한편 대표적인 반음지식물로는 산철쭉, 진달래, 조릿대, 봉선화, 옥잠화 등이 있다.

햇빛 다음으로 중요한 미기상 조건은 온도이다. 우리나라의 연평균기온은 남부 해안지방이 섭씨 14도 내외이고, 북부지방의 해안이 약 섭씨 8도 내외이다. 최저기온이 섭씨 0도 이하인 겨울철은 11월에서 3월경까지이다.

그런데 온도에서는 앞에서 살펴본 것처럼 연평균기온이나 여름철 기온분포보다는 혹한기 기온분포가 훨씬 더 중요하다. 식물의 생육 기간을 결정하는 다른 한 측정치로 서리가 내리지 않는 기간, 즉 무상기간(無霜期間)도 중요시되는데 이 수치는 제주도가 275일로 가장 길고, 남해안 지방이 250일 정도이고, 중부 내륙지방에 이르면 200일 정도로 낮아진다.

하루 중 최고 온도와 최저 온도의 차이를 일교차(日較差)라고 하는데 쾌청일수가 많은 봄과 가을에 특히 일교차가 크고, 내륙지방으로 갈수록 커진다. 또 한 해의 가장 추운 달과 가장 따뜻한 달의 평균기온 차를 연교차(年較差)라고 하는데 이는 위도가 높아질수록 커진다. 이런 일교차나 연교차도 식물의 성장과 분포에 민감하게 작용하는 것으로 추정되지만 아직 식물들에게서는 그 관련성이 정확하게 알려져 있지 않다. 하지만 사과나 배와 같은 과수작물은 일교차가 비교적 큰 내륙지방에서 수확이 더 많고 과일 품질도 좋다.

표고(標高)가 100미터 올라감에 따라 기온이 약 섭씨 0.5도씩 낮아져서 고도에 따라 식물분포가 달라진다는 것은 앞에서 이미 설명하였다. 우리나라에서는 고도가 130미터씩 높아짐에 따라서 꽃피는 시기가 약 4일씩 지연된다고 한다.

우리나라의 최근 연평균 강수량은 약 1200~1600밀리미터로 세계적으로는 비교적 풍부한 편이지만 계절적으로 여름철 6~8월에 전체 강우의 3분의 2가 내리며 또 국지적인 폭우가 적지 않은 등 강우 조건이 그리 좋지만은 않다. 그런데 식물이 자라는 데는 이런 전체적인 기후 조건보다 서식하는 장소의 수분환경이 더 중요하게 작용할 수 있는데, 특히 토양수분 함량과 공중습도에 대한 이해가 중요하다.

섬, 해안, 심산계곡, 하천변 등은 항상 공중습도가 높고 토양수분 함량도 비교적 높다. 그 반면에 산의 정상이나 산등성이 등은 직사일광이 일상적으로 내리쬐어 공중습도가 크게 낮으며 토양수분도 비교적 적은 편이다. 양치식물이나 이끼류 식물들은 특히 숲 속에서 잘 성장하는데 그 이유는 숲 속의 수분 환경조건이 자신들에게 유리하기 때문일 것이다. 그 반면에 건조한 지대에서 자라는 식물은 토양수분이 과다하면 뿌리에 산소가 원활히 공급되지 않아 뿌리가 호흡작용을 못하고 결국에는 죽게 된다. 수분조절은 토양의 종류, 토질, 토성뿐만 아니라 실제 재배장소, 위치에 따라 크게 다르므로 재배의 성패는 수분조절에 크게 좌우된다.

우리나라에서 화분에 심어 기르기도 하는 골고사리[*Phyllitis scolopendrium*]는 북반구 온대지방에 널리 분포하는데 양치식물답게 따뜻하고 습한 기후에서 자란다. 특히 계곡이나 숲 속 등 주변의 수분 조건이 연중 습하게 유지되는 장소에서만 서식이 가능하다. 같은 기후대에 속한 지역이라고 해서 아무 데서나 잘 자라는 것이 아니라 특정한 장소에서만 발견되는 식물종의 경우에는 대부분 그 장소의 미기

상 조건이 그 식물의 서식 여부를 결정한다고 해도 그리 틀리지 않을
것이다.

🖋 토양 조건도 식물분포에 중요하다

우리는 화분에 꽃을 심을 때 어떤 화분에는 모래를 많이 넣고 또 어떤
화분에는 거름흙을 특별히 많이 넣는다. 또 감자와 고구마는 둘 다 땅
속에서 작물을 수확하지만 감자는 모래밭에, 고구마는 진흙밭에 심
어야 잘 자란다. 이런 일상적인 경험은 토양이 식물의 생육에 얼마나
중요한지를 단적으로 보여주는데 자연에 사는 식물들에도 그대로 적
용될 것이 분명하다. 이제 그런 예를 몇 가지 들어보기로 하자.

사람들은 생명력이 아주 끈질긴 식물의 예로 질경이를 들곤 한다.
질경이가 도로변에서 눈에 자주 띌 만큼 척박한 토양에서도 잘 자라
기 때문일 것이다. 그런데 질경이는 석회질 토양이 많은 지역에서 특
히 자주 발견된다. 이 밖에도 석회암지대에서 많이 발견되는 식물로
는 우리가 흔히 라일락이라고 부르는 서양수수꽃다리와 측백나무,
회양목 등이 있다. 앞으로 여러분이 강원도의 석회암 동굴을 찾게 된
다면 그 주변에서 이런 식물들을 한번 찾아볼 것을 권한다.

사위질빵은 나무를 감아 올라가는 덩굴성 식물로 우리나라를 비롯
한 동아시아 전역에 분포하는데, 다른 수목에 의존해서 살아갈 수밖
에 없기 때문에 보통 숲의 가장자리나 울타리에서 발견된다. 나는
1970년대 중반에 전남 담양읍의 어느 야산에서 사위질빵 분포를 조
사했는데, 산기슭에서 정상으로 올라갈수록 사위질빵의 개체 수와

생물량 (사위질빵의 총무게)이 감소하고, 토양 중의 치환성 칼슘 농도 역시 낮아지는 것을 발견하였다. 사위질빵의 분포와 치환성 칼슘 함량 사이에는 정(正)의 상관관계가 있었던 것이다.

　우리나라에서 널리 재배하는 밤나무는 심은 후에 따로 관리할 필요가 없을 정도로 잘 자란다. 하지만 야산에서 자라는 밤나무는 지역에 따라 생육상태가 현저하게 차이 나는데, 나는 그 이유가 토양에서 기인한다는 것을 밝힌 적이 있다. 경기도 양주와 충청도 당진은 예로부터 밤의 산지로 유명한데 그 두 지방의 밤나무 숲 토양 성분을 분석했더니 칼슘 성분이 타 지방에 비해서 현저히 낮은 것을 알 수 있었다. 이에 반해서 밤나무 잎 속의 질소와 인산 농도는 다른 지역의 밤나무들보다 훨씬 높았다. 결국 칼슘 농도가 낮은 토양에서는 밤나무의 영양염류 흡수율이 높아져서 밤나무의 생장에 크게 기여했던 것이다.

　그런데 토양 성분에 못지않게 토양 자체의 pH도 식물분포에 적지 않은 영향을 미친다. 우리나라 토양의 기반암은 주로 화강암이기 때문에 상당한 강산성을 띠는 것이 보통이다. 최근에는 산에 나무가 많아졌지만 불과 20~30년 전만 해도 땔감과 퇴비로 사용하기 위해 낙엽을 채취하는 일이 빈번해 우리나라 대부분 산에는 나무가 적었다. 이런 조건에서는 산림토양의 pH가 강산성일 수밖에 없는데 최근 산에 나무가 많아지면서 낙엽 축적도 많아지고 그 결과 토양 pH가 약산성인 곳이 많아지게 되었다. 낙엽이 분해되는 과정에서 소위 부식산(humic acid)이라고 해서 산성물질이 만들어지기 때문이다.

그러면 식물들은 어떤 pH의 토양을 좋아할까? 다음은 식물들이 좋아하는 pH를 조사한 표이다.

pH	식 물
4~5.5(강산성)	진달래, 철쭉, 서양철쭉, 외철쭉, 자귀나무, 싸리나무, 치자나무, 너도밤나무, 오엽송(섭잣나무), 소나무(육송, 적송)
5.5~6(약산성)	배롱나무(백일홍), 편백나무, 느티나무, 버드나무(위성류), 윤노리나무, 동백, 개나리, 쥐똥나무(수랍수), 등나무
6~6.5(미산성)	때죽나무, 영춘화(황매), 마삭줄, 벗나무, 구기자, 낙상홍, 으름나무, 멍나무, 팥배나무, 매화나무, 석류나무, 은행나무
6.5~7(중성)	모과나무, 심산해당, 애기사과나무, 감나무, 피라칸사스, 산사나무, 돌배나무, 해송(곰솔, 흑송), 섬향나무, 진백, 두송, 주목, 홍자단, 귤나무(금두감)
7~7.5(알칼리성)	산단풍, 소사나무, 서나무, 당단풍(신단풍), 청희단풍, 느릅나무(황피느릅), 머루나무, 무화과

🍃 민들레가 길가에 많이 피는 이유

국화과 식물인 민들레는 봄철 들판이나 길가에서 많이 발견되는 식물의 하나이다. 사실 민들레는 맨땅이나 논둑길, 버려진 밭, 학교 운동장 등 어디에서나 쉽게 찾을 수 있는데, 그 생명력이 얼마나 끈질긴지 골프장 관리자들이나 잔디를 가꾸는 사람들에게는 '공적(公敵) 제1호 잡초'로 지탄을 받기도 한다. 어떻게 해서 민들레는 척박한 장소에서

절기따질것 생방펴온 가진 민들레.
민들레 꽃씨는 민간에 날아 널리 퍼진다. ⓒ이완용

도 다른 식물보다 더 쉽게 번식할 수 있는 것일까?

민들레는 뿌리를 여러 개로 잘라서 땅에 심으면 모두 다 살아나고 잎을 잘라내면 또다시 잎을 내밀 만큼 생명력이 질긴 식물이다. 따라서 길가나 학교 운동장처럼 다른 식물들이 좀처럼 뿌리를 내리기 어려운 맨땅에서도 쉽게 싹을 틔운다. 그런가 하면 민들레 씨앗에는 기다란 솜털이 달려 있어서 바람에 날려 멀리까지 퍼뜨리기 쉽다. 이처럼 씨앗 퍼뜨리기가 쉽고 또 민들레 자체가 갖는 끈질긴 생명력 때문에 민들레는 다른 식물들을 찾아보기 어려운 그런 척박한 장소에서도 곧잘 발견되는 것이다.

그런데 여러분은 민들레가 아주 다양한 용도로 사용되는 것을 아는지 모르겠다. 봄에 나는 민들레의 어린잎은 나물로 먹고, 한방에서는 꽃피기 전의 꽃대와 뿌리를 발한, 해열, 건위, 이뇨, 강장의 효능이 있다고 해서 인후염, 기관지염, 림프절 염증 등의 치료에 이용한다. 민간에서는 젖을 빨리 분비하게 하는 약재로 사용하기도 한다. 「약용식물사전」에도 "민들레는 위장을 튼튼하게 하고 소변을 원활하게 하며 소화불량, 변비, 간장병, 황달, 천식, 자궁병, 식중독 등에 좋다."라고 기록되어 있다.

그렇다고 해서 길가에서 자라는 민들레를 함부로 약재로 사용해서는 안 된다. 자동차가 많이 다니는 길가에서 자라는 민들레는 배기가스에서 나오는 유독물질이나 중금속 성분에 오염되었을 수도 있기 때문이다.

대나무는 전 세계에 47속 1250여 종이 분포하는데 한국에는 4속 14종이 있다. 대나무의 대표종인 왕대는 중국 원산으로 우리나라 남부

지방에도 널리 분포되어 있다. 대나무는 땅속줄기가 갈라져 번식하는데 옆으로 성장하는 땅속줄기가 얼면 이듬해에 새순을 틔우지 못하기 때문에 겨울철에 지표면이 얼지 않는 지역에서만 자랄 수 있다. 이 때문에 대나무는 열대부터 온대에 이르는 넓은 지역에 분포하지만 대체로 1월 평균기온이 섭씨 영하 2도인 등온선과 일치해 생장한계선이 결정된다. 우리나라에서는 왕대와 솜대의 북방한계선이 동해안에서는 강원도 고성군까지 높이 올라가는데 이는 동한난류의 영향으로 겨울에도 그리 춥지 않기 때문이다. 서해안 쪽에서는 북방한계선이 당진, 천안, 옥천, 김천, 대구, 영천, 강릉을 잇는 선으로 그어진다.

그런데 대나무는 기온뿐만 아니라 다른 환경조건도 까다로운 편이어서 초속 10미터의 바람이 1년에 100일 이상 부는 곳에서는 좋은 대숲이 생기기 어렵다. 또 연간 강수량도 1500~2000 밀리미터로 비교적 많아서 토양습도가 충분히 유지되어야 하고 뿌리가 쉽게 뻗을 수 있도록 부식질의 부드러운 토양이 깊게 발달해 있어야 한다. 대숲이 발달하기 위해서는 너른 유휴지가 필요하기도 하다. 담양에 유독 왕대숲이 많은 것은 바로 이런 대나무의 성장환경에 가장 적합하기 때문이라고 할 수 있다.

대표적인 난대성 식물인 동백나무는 우리나라 남부지방에 널리 분포하면서 대체로 1월부터 5월 사이에 지속적으로 꽃이 핀다. 그런데 일본 남부지방에서 발견되는 동백은 우리나라의 것보다 훨씬 더 크고 탐스러우며 개화 기간도 더 길다. 이런 점으로 보아서 동백은 우리나라 남부지방이 북방한계선이라고 할 수 있다.

식물의 가장 큰 스트레스, 추위

강인한 식물도 스트레스를 받는다

여러분은 도시의 가로수를 눈여겨본 적이 있는가? 도시의 가로수는
사시사철 매연에 시달리고 산성비에 시달리지만 그래도 봄이 되면 잎
을 내고 가을이면 이김없이 낙엽을 떨어뜨린다. 도시 가로수가 애처
로운 것은 그런 대기오염 때문만이 아니다. 플라타너스, 벚나무, 은
행나무 등의 가로수가 뿌리내린 땅을 한번 살펴보자. 사방 30센티미
터도 되지 않는 사각형 흙밭을 제외하면 온통 아스팔트와 시멘트로
둘러싸여 있다. 사람으로 치면 불과 한두 평 공간에 꼼짝없이 갇힌 셈
이다. 그래도 가로수들은 대체로 건강하게 자란다.

　집에서 화분을 가꾸는 사람들이라면 화초가 얼마나 연약한 존재인
지 잘 알 것이다. 더운 여름철 불과 며칠만 물을 주지 않으면 베란다
의 화초들은 이내 시들어버리고 또 말라죽기 일쑤다. 하지만 그렇게
시들어버린 화초에 물을 듬뿍 주면 한두 시간 만에 어제 그랬나는 듯
이 다시 생생하게 살아난다.

　2006년 봄에는 식물 세상에 이상한 일이 발생했다. 전국적으로 대나무 잎들이 누렇게 고사하는 현상이 나타난 것이다. 2006년 1월에 전국적으로 눈이 많이 내렸는데 대나무 숲에 내린 눈이 녹았다 얼었다를 반복하는 동안 극심한 온도 변화를 견디지 못한 잎들이 한꺼번에 죽어버렸다. 사시사철 푸름을 자랑해야 할 대나무가 일시에 그 푸름을 잃어버렸으니 사건이라면 사건이었다.

　이 사건은 식물들의 삶이 그리 녹록지 않다는 것을 말해준다. 사람에 못지않게 식물들도 스트레스에서 벗어날 수 없는 것은 물론 때로는 그런 스트레스에 견디다 못해 죽는 일까지 발생하는 것이다. 이제 식물들이 경험하는 스트레스에 대해서 생각해보기로 하자.

　식물들의 스트레스에 대해 살펴볼 때 우리는 커다란 문제에 부딪히게 되는데, 사람처럼 말도 하지 못하고 동물들처럼 행동으로 자신의 상태를 쉽게 드러내지 못하는 식물들에서 스트레스의 증거를 어떻게 찾아낼 수 있는가 하는 점이다. 동물들은 스트레스를 받을 경우 그 자리를 회피하고 또 그럴 수 없는 경우에는 식욕이 떨어진다거나 체중이 줄고, 혹은 활동이 둔화되어 설령 전문가가 아니더라도 그 징후를

● 눈 속에 피는 복수초. 복수초는 눈이 쌓인 2월에 피기도 해 얼음새꽃이라고도 불린다.

쉽게 알아챌 수 있다. 하지만 식물들의 경우에는 사정이 전혀 달라서 심한 스트레스를 받는 경우에도 그 피해 증상을 포착하기까지 상당히 긴 시간이 필요하다. 바로 이런 이유에서 식물의 스트레스에 대해서는 오랫동안 연구가 진전되지 못했는데 근래에 들어서 식물생태생리학이라는 학문이 본격화되면서 이 분야가 새롭게 부각되고 있다.

🖉 식물의 스트레스 1위는 저온

여러분은 눈 속에 피어 있는 작고 노란 꽃을 본 적이 있는가? 복수초는 4, 5월경에 개화하지만 지방에 따라서는 2월부터 꽃이 피기도 한다. 그러다 보니 흔히 등산길 초입에서 발견할 수 있는데, 눈 속에서 살포시 고개를 내민 복수초를 보면 그 연약한 식물이 어떻게 눈과 얼음 속에서 꽃을 피울 수 있는지 놀랍기만 하다.

그렇지만 복수초의 경우는 대단히 예외적이다. 대부분 식물들에 추위와 저온은 생명까지 위협하는 위험한 스트레스 1위이다. 식물은 특히 고온보다는 저온에 민감한데 한여름 뙤약볕 아래서도 잘 자라던 식물들이 겨울철 하룻밤의 이상저온에는 쉽게 동해(凍害)를 입는 현상에서 그것을 확인할 수 있다.

식물은 스스로 온도 조절을 할 수 없기 때문에 꼼짝없이 주위 기온에 따라 체온이 변한다는 것은 잘 알려진 상식이다. 그런데 대다수 식물들의 경우 대략 섭씨 40도 정도까지는 주변 환경에 맞춰 체온이 함께 오르지만 그 이상이 되면 식물 스스로가 체온을 조절해서 기온보다 훨씬 낮게 체온을 유지할 수 있다는 것이 밝혀졌다. 식물은 주로 증산작용을 맹렬히 해서 몸속의 수분을 수증기로 변화시켜 체온을 낮추는데 이런 체온조절을 위해서는 뿌리에서 다량의 물을 흡수하는 것이 필수적이다. 열대지방의 식물이 물을 유난히 좋아하고 또 여름의 맹렬한 더위 속에서도 잘 자랄 수 있는 것은 바로 이런 이유 때문이다.

그러면 주위 기온이 낮아질 때 식물은 어떻게 반응할까? 식물은 종에 따라서 저온에 대한 민감도가 대단히 다르게 나타나는 것이 보통이다. 대표적인 예로 바나나 같은 열대성 과실나무는 섭씨 13도 이하의 기온이 몇 시간만 지속돼도 큰 해를 입는다. 우리에게 친숙한 벼도 꽃이 막 피기 시작하는 6월 즈음 화분모세포의 분열이 있을 때는 저온에 매우 민감해서 기온이 섭씨 16도 이하로 떨어지면 아예 꽃을 피우지 못한다. 대부분의 열대ㆍ아열대성 농작물 역시 주위 온도가 빙점 가까이 떨어지면 생장이 멈춰지고 심한 경우에는 냉해로 죽기까지 한다.

기온이 적정 생장온도보다 낮아질 때 식물에서 관찰되는 일차적인 현상은 성장과 물질대사 속도의 저하이다. 아열대 또는 열대 식물들은 섭씨 0~10도의 온도에 노출되면 물질대사 속도가 현저하게 떨어

지는데 이런 현상은 식물의 호흡량을
측정하면 쉽게 확인할 수 있다. 하지
만 식물이 저온에 노출될 때 나타나는
현상은 매우 복합적이어서 전문가들
조차 그것을 파악하기가 쉽지 않다.

● 식물에게 가장 큰 스트레스는 겨울
첫 한파이다. ⓒ이원중

그런 민감한 현상의 하나로 세포막
을 구성하는 지방산(fatty acid)의 상태
변화를 들 수 있다. 식물의 세포막 역
시 동물이나 사람의 세포막과 마찬가
지로 반고체성으로 유지되는데, 만약
주변 기온이 너무 빠르게 낮아지면 지방산의 결정화가 촉진되면서 세
포막 역시 반고체 상태에서 고체 상태로 바뀌게 된다. 이렇게 세포막
이 단단해지면 막을 통한 물질의 이동이 제한을 받고 막에 붙어 있는
여러 효소들의 기능도 저하될 것이 뻔하다.

식물이 종에 따라서 냉해를 입는 온도가 달라지는 것은 막을 구성
하는 불포화지방산과 포화지방산의 비율이 식물에 따라 달라서 세포
막의 결정화가 일어나는 임계온도(어떤 사물이나 현상이 한 상태에서 다
른 상태로 바뀌는 시점의 온도)가 각각 다르기 때문이다. 대체로 열대성
식물은 섭씨 10~13도에서, 그리고 온대성 식물의 경우는 섭씨 4~6
도에서 최초의 냉해가 관찰된다고 한다.

세포막의 고체화가 저온에서 처음으로 관찰되는 심각한 피해라고
한다면 가장 극단적인 피해는 그보다 더 낮은 온도에서 세포 속의 수
분이 얼어서 세포 자체가 파괴되는 동해현상이라고 할 수 있다. 이는

사람으로 치면 동상을 입는 것에 해당하는데 다시 원래 상태로 회복할 기회 자체를 앗아가서 식물체의 일부 또는 전체를 죽게 만든다.

그러면 저온에 노출될 때 식물은 아무런 대비책도 없는 것일까? 식물도 동물과 마찬가지로 나름대로는 준비에 만전을 기한다. 그런 예로 식물들은 세포막 지방산의 비율을 어느 정도는 조절할 수 있는데 만약 기온이 서서히 낮아진다면 그에 맞춰 불포화지방산을 점차 많게 함으로써 세포막의 유동성을 정상적으로 유지할 수 있다. 또 세포 내부의 수분을 외부로 배출하여 세포액 농도를 높여서 얼음 결정이 만들어지지 못하도록 하기도 한다. 낙엽을 일찍 떨어뜨리거나 나무줄기의 외피를 두껍게 하는 것도 저온에서 살아남기 위한 수단이라고 할 수 있는데 이처럼 외부에서 받는 스트레스에 적응하는 과정을 순화(acclimation)라고 한다. 따라서 저온 스트레스에서 중요한 것은 기온이 얼마나 낮아지느냐 하는 것뿐만 아니라 기온이 낮아질 때 식물이 순화될 시간적 여유를 가질 수 있는지의 여부이다.

갑작스런 추위가 닥치는 것을 우리는 보통 '한파가 몰려온다'고 하는데 식물들이 미처 겨울준비를 다 하지 못한 12월에 몰아치는 첫 번째 한파가 특히 심각한 스트레스가 된다. 2005년 12월의 한파가 바로 그런 대표적인 예가 될 수 있는데 그 때문에 전국적으로 대나무 잎들이 고사하는 현상이 발생했던 것이다.

일반적으로 초본식물은 기온이 섭씨 영하 1도~영하 5도에서 상해를 입거나 죽는 것이 보통이지만 섭씨 영하 25도보다 더 낮은 기온에서 견디는 종도 있다. 겨울철에 남부지방을 여행하다 보면 논두렁이나 밭의 한 귀퉁이에서 눈 속에서도 자라는 초본식물들을 볼 수 있는

데, 이는 풀들이 저온순화의 과정을 거치면서 자체적으로 에너지를 발산해 체온을 유지하기 때문이다. 하지만 이런 에너지 발생을 위해서는 광합성이 왕성하게 진행되어야만 하는데 그러기 위해서는 다량의 영양분이 필요하다. 겨울철에 풀들이 자라는 장소가 대개 비옥한 밭이거나 퇴비더미 옆이라는 사실은 바로 이런 이유 때문이다.

그러면 식물이 자랄 수 있는 최저온도는 어느 정도일까? 일부 고등식물은 눈이 덮여도, 섭씨 0도의 온도에서도 자랄 수 있고 개화할 수 있다. 앞에서 예로 들었던 복수초를 비롯해서 겨울밀, 튤립, 히아신스, 나팔수선화, 크로커스(사프란), 아네모네 등의 식물은 겨울에는 성장이 느리지만 눈이 녹을 무렵부터는 활발하게 자라기 시작한다. 지의류는 섭씨 영하 20도 이하에서도 광합성을 할 수 있으며 눈 위에서 발견되는 빙설조류(snow algae)는 빙점 이하에서도 자란다. 빙설조류는 어떤 특정한 식물종이 아니고 눈 위에서도 자라는 단세포성 조류 무리를 일컫는다.

식물 혹은 식물의 부분	온도(섭씨 온도)	견딜 수 있는 시간
종자 A	영하 100도	4일
종자 B	영하 190도	110시간
종자 C	영하 250도	6시간
세균과 효모	영하 190도	6개월
종자 D	영하 190도	130시간
곰팡이와 말무리	영하 190도	13시간
종자 E	영하 190도	60일
이끼류	영하 190도	50시간
곰팡이실과 세균	영하 190도	48시간
포사와 꽃가루	영하 273도	2시간

식물이 낮은 온도에서 견디는 시간

하지만 같은 식물체라도 종자는 특별히 저온에 강인하고, 지의류나 이끼류 같은 하등식물류도 저온에서 대단히 오랫동안 살아남는다고 알려져 있다. 종자는 후대에 자손을 남겨야 한다는 목적 때문에 극한(極寒)의 환경조건에서도 견딜 수 있도록 프로그램되어 있고, 또 하등식물일수록 생존환경이 척박한 것이 보통이기 때문에 오랜 진화과정을 거치면서 특유의 생존력을 키워나갔기 때문일 것이다. 앞에 제시된 표는 이제까지 조사된 종자류와 일부 하등식물의 저온에서의 생존능력을 보여주는데 어떤 꽃가루는 절대온도에서도 살아남을 정도로 강인하다.

섭씨 영하 80도에서 살아남는 식물도 있다

앞에서 우리나라 겨울 추위가 다른 나라들에 비교해서 대단히 춥다는 것을 설명했다. 그러면 실제로 우리나라와 위도가 같은 지역의 1월 평균기온을 비교하여보자.

다음 표에 따르면 위도가 비슷한 중강진과 로마의 1월 평균기온 차가 27.8도나 되며, 신의주와 뉴욕은 그 차이가 9.8도, 서울과 샌프란시스코는 13.6도나 된다. 우리나라는 대륙동안에 위치한 반도여서 겨울 추위가 그야말로 대단하다고 할 수 있다.

추운 겨울이 되면 자유로이 이동할 수 있는 동물은 따뜻한 남쪽 나라로 날아간다. 또 뱀이나 개구리 같은 동물은 땅속에 들어가서 겨우내 동면한다. 그러나 자유로이 이동할 수 없는 식물은 추운 겨울을 그 자리에서 견디지 않으면 안 된다. 그래서 우리나라 겨울 추위는 식물

한반도 지명	위도	1월 평균기온 (섭씨)	다른 나라 지명	위도	1월 평균기온 (섭씨)
중강진	41도 47분	영하 20.8도	로마	41도 54분	영상 7도
신의주	40도 06분	영하 9.3도	뉴욕	40도 42분	영상 0.5도
평양	39도 01분	영하 8.1도	톈진	39도 09분	영하 4.5도
서울	37도 34분	영하 3.5도	샌프란시스코	37도 37분	영상 10.1도
부산	35도 06분	영상 2.2도	로스앤젤레스	35도 03분	영상 12.8도
제주	33도 31분	영상 5.2도	바그다드	33도 20분	영상 9.3도

한반도와 같은 위도상에 있는 나라와의 기온 비교

들에는 그야말로 최악의 상황이 아닐 수 없다.

온대지방에 사는 식물은 매서운 추위에도 잘 견디는 것이 보통이다. 독일에서는 추운 겨울밤에 나무줄기가 요란한 총소리를 내며 터진다. 일본의 홋카이도에서도 나무줄기가 얼어 터지는 경우가 있다. 위도가 우리나라보다 훨씬 더 높고 겨울 추위 역시 때로는 섭씨 영하 40도 이하까지 내려가는 지방에서나 들을 수 있는 소리일 것이다. 하지만 우리나라에서는 아직 나무줄기가 얼어 터졌다는 보고가 없고 그런 소리도 들어보지 못했다. 그렇다면 우리나라 겨울 추위가 그렇게 혹독하지는 않다고 그나마 위안으로 삼아야 할까?

물론 낮은 온도에 견디는 정도는 식물종에 따라 다르다. 열대지방 식물은 섭씨 0도에 가까운 영상의 온도에서도 쉽게 피해를 당한다. 그런가 하면 어떤 식물은 나무줄기가 얼어도 견딜 뿐만 아니라 섭씨 영하 62도에서도 살아남는다. 식물학자 사카이(Sakai)에 따르면 북아메리카 로키산맥에 사는 송백류(松柏類)는 섭씨 영하 80도에서도 견딘다고 한다. 세계에서 가장 추운 곳으로 알려진 시베리아 베르호얀스크 지방에도 수목이 울창하며, 거기에는 침엽수뿐 아니라 포플러,

자작나무도 숲을 이루고 있다.

🌿 식물은 언제 죽는가

식물이 섭씨 0도 이하의 퍽 낮은 온도에 계속 노출되면 몸속의 용액은 대부분 얼음으로 변한다. 예컨대 겨울 추위에 노출된 감자는 꽁꽁 얼어서 돌같이 굳어진다. 그러다가 얼음이 녹으면 각 기관 속의 물이 빠져나와 하얗게 변한다. 감자가 이미 얼어 죽은 상태인 것이다.

달리아, 표주박, 오이와 같은 식물의 잎은 겨울에 얼음이 형성되기 때문에 죽는 것인데 얼음이 녹으면 하얗게 변하며 시든다. 동사(凍死)의 원인은 낮은 온도가 아니라 얼음의 형성인 것이다. 얼음은 먼저 세포 바깥벽이나 세포 틈에 형성된다. 세포 틈에 있는 물은 매우 순수해서 온도가 어는점 이하로 떨어지면 제일 먼저 언다. 얼음이 형성되면 세포 안의 물이 빠져나오므로 원형질은 물을 잃게 되는데 그로 말미암아 단백질이 침전되어 죽는 것이다. 이와 같이 동사는 주로 원형질이 물을 많이 잃어버리기 때문에 일어난다.

몰리쉬(H. Molisch) 박사는 현미경으로 세포 간격에 얼음이 형성되는 것을 직접 관찰하였다. 또 세포에서 물이 빠져나와서 얼음이 점점 커지는 것을 확인하였다. 그래서 그는 식물의 동사는 탈수에 의한 건조사(말라 죽는 것)와 같은 것이라고 하였다.

그렇다면 식물은 녹을 때 죽는 것이 아닌가? 이 문제에 대해서는 의견이 분분하다. 예를 들면 용설란이나 어떤 사과 종류는 겨울에 꽁꽁 어는데, 천천히 녹이면 살릴 수 있으나 빨리 녹이면 살릴 수 없다.

그래서 많은 사람들은 언 식물을 천천히 녹이면 살지만, 빨리 녹이면 죽는다고 생각한다. 이러한 생각이 맞는 수도 있으나 이것은 예외적인 경우라고 볼 수밖에 없다. 일반적으로 식물은 얼 때 죽는다. 그러므로 죽은 식물이 살아나는 데 빨리 녹이느냐 천천히 녹이느냐는 그리 중요하지 않다.

우리나라는 가을에서 겨울로 접어들면서 기온이 천천히 내려가므로 식물이 죽지는 않고 서서히 굳어진다. 따라서 기온이 갑자기 내려가지 않는 한 식물의 생사를 걱정할 필요는 없다. 그러나 극한의 경우도 가끔 예상되므로 이에 대비하는 것이 좋을 것이다. 예컨대 배추의 뿌리가 예년보다 땅속 깊이 들어가거나 개구리나 뱀이 깊이 묻혀 겨울잠을 자는 경우, 그해 겨울은 몹시 추울 것이라고 한다.

식물의 먹이, 햇빛과 수분

🌿 햇빛은 식물의 먹이와 같다

이동이 자유로운 동물들과 달리 (물론 모든 동물이 다 자유롭게 이동할 수 있는 것은 아니다. 따개비나 멍게, 굴 등의 고착성 동물은 한 장소에 붙어서 일생을 마감한다) 식물들은 한자리에 붙박여 살 수밖에 없기 때문에 자신에게 가해지는 온갖 스트레스를 고스란히 감수해야만 한다. 요컨대 식물의 삶도 안락할 수만은 없다는 것이다.

이렇게 한 장소에서 일생을 보내야 하기에 어디에 씨앗이 떨어져 발아하는가가 그 식물의 일생을 결정한다고 해도 과언이 아니다. 혹시 여러분 중에서 자신의 인생이 불운하다고 비관하는 사람이 있다면 한번 주변의 나무들을 둘러보라. 나무들은 자신의 의지와 전혀 무관하게 그 자리에 서 있으면서도 생을 구가하고 있지 않은가?

그런 붙박이 식물들에 기온이 가장 큰 스트레스 인자라는 것은 앞에서 살펴보았다. 기온 다음으로 큰 인자를 꼽으라면 햇빛이다. 식물에 햇빛은 마치 우리가 매일 먹는 음식에 해당하기 때문이다.

식물은 충분한 햇빛을 접해야 건강하게 자랄 수 있는데, 햇빛은 광합성을 위한 에너지의 근원이 될 뿐만 아니라 식물체의 온도 조절에도 필수적이고 식물 형태를 제대로 유지하는 데에도 반드시 필요한 것으로 밝혀지고 있다.

그런데 위도가 높은 지역이나 응달처럼 빛이 약한 지역에 사는 식물은 어떻게 사는 것일까? 사람으로 치면 극도로 제한된 식사를 하며 사는 것에 비유될 수 있을 터인데 말이다. 식물의 적응력은 동물에 비하면 상상을 초월할 정도로 탁월하다. 약한 빛을 감수하면서 생활하는 식물들은 비록 생장속도가 크게 떨어지기는 하지만 그래도 형태로나 생리적으로 갖가지 적응방안을 마련하고 있다. 먼저 그런 식물들은 호흡률을 낮추어 호흡으로 손실되는 에너지를 최소화하는데, 이는 동물이 먹이가 부족할 때 가급적 행동을 억제하는 것에 비유될 수 있다. 또 대체로 크고 얇은 잎을 가져서 가급적 많은 빛을 받아 광합성에 활용한다. 빛이 제한된 장소에 사는 식물은 같은 광량에서도 광합성 효율을 높일 수 있도록 잎의 단위면적당 엽록체 수를 증가시키는 등 적응능력을 내부적으로 개발하기도 한다.

그런데 어떤 식물들은 자신들이 좋아하는 광량보다 훨씬 더 밝은 빛에 노출되기도 한다. 제아무리 좋은 음식이라도 먹을 수 있는 양에는 한계가 있는 것처럼 식물도 지나치게 밝은 빛에 노출되면 스트레스를 받는다. 그러면 식물은 어떻게 지나치게 밝은 빛에 적응할 수 있는 것일까?

약한 햇빛에 적응하여 사는 식물을 갑자기 밝은 곳으로 옮기면 한동안 광합성 효율이 저하되다가 며칠이 지나서야 비로소 원래의 광합

● 따스한 햇살을 받으며 기지개 켜는 화살나무. ⓒ이원중

성 효율을 되찾는다. 이때 잎의 엽록체 일부가 파괴되는 현상이 발견된다.

항상 강한 햇빛에 시달려야 하는 건조한 사막지대의 식물들은 생리적으로 독특한 생존방식을 개발하기도 하였다. 우리가 주변에서 보는 대부분의 식물은 광합성 과정에서 최초의 중간산물로 3탄소 화합물인 포스포글리세르산(PGA)이라는 물질을 만들고 그로부터 일련의 대사경로를 거쳐서 당을 합성한다. 이런 식물을 C_3식물이라고 하는데 여기에 반해서 열대지방이 원산지인 어떤 식물들은 탄소를 4개씩 갖는 옥살아세트산, 말산, 아스파르트산과 같은 유기산을 최초의 중간산물로 만든다. 옥수수, 사탕수수, 잔디, 억새 등이 C_4식물에 해당하는데 이런 식물은 C_3식물보다 기온이 높고, 수분이 적으며, 강한 광선, 그리고 낮은 이산화탄소 농도의 환경에서 광합성률이 높다. 오랜 진화과정에서 강한 광량에 노출된 식물들이 자연스레 터득한 생존방법인 것이다.

식물이 광합성을 하는 데는 햇빛과 함께 공기 중의 이산화탄소를 받아들이는 것이 꼭 필요하다. 선인장, 바위채송화 같은 식물들은 햇빛이 많은 낮시간에는 기공을 닫았다가 밤에 열어 이산화탄소를 받아들였을 때라야 비로소 광합성을 시작한다. 이런 식물을 CAM식물이라고 부르는데, 역시 열대의 고온건조한 환경에서 개발된 식물들의 생존전략이라 할 것이다.

🌿 식물도 물 없이는 살 수 없다

다음 세대를 위해 만들어진 종자는 아무 때, 아무 장소에서나 싹이 트는 것이 아니다. 자신의 생존에 필요한 제반 조건들이 다 갖추어져야 비로소 발아를 시작한다. 씨앗 중에서 작은 것은 확대경으로 보아야 할 정도인데 그런 작은 생명체가 어떻게 온도, 습도, 광도 등을 일일이 감지해 종합적인 판단을 내릴 수 있는지 경이롭기조차 하다.

식물이 제대로 성장하려면 따뜻한 기후, 풍부한 햇빛과 함께 충분한 수분을 공급받아야 한다. 식물이 흡수하는 수분 중에는 자신의 몸을 구성하는 성분이 되고 또 물질대사를 원활히 하는 데 반드시 필요한 무기질 영양염류들 역시 충분히 포함되어 있어야 한다.

식물에 수분이 얼마나 중요한지는 씨앗의 발아에서도 살펴볼 수 있다. 뿌리혹박테리아와 공생하는 콩과식물들은 껍질 두께가 조금씩 다른 씨앗을 생산한다고 알려져 있다. 그래서 어느 정도 수분이 있지만 그리 풍족하지 않을 때는, 두꺼운 껍질의 씨앗은 그대로 있고 얇은 껍질의 씨앗이 먼저 발아를 시작한다. 만약 수분이 아주 말라버리면 일찍 발아한 씨앗은 죽어버리지만 두꺼운 껍질의 씨앗은 살아남는 것이다. 그러면 두꺼운 껍질의 씨앗은 언제쯤 발아를 시작할까? 두꺼운 껍질의 씨앗은 우기에 접어들어서 많은 양의 수분이 공급되거나 여러 차례 비가 온 후에야 비로소 발아를 시작해 종족 유지의 확률을 높인다.

심지어 어떤 식물의 종자는 껍질에 발아억제제를 가지고 있어서 여러 차례 비가 내려서 그 발아억제제가 완전히 씻겨나간 후에야 비로소 싹트기 시작하기도 한다. 이런 생존전략은 모두 식물에 수분이 얼마나 중요한지를 여실히 보여주는데 그만큼 식물이 감지하는 수분 스트레스가 심각하다는 반증이 될 수 있다.

● 쏟아지는 빗방울에 미소를 머금은 연꽃잎. ⓒ이원종

식물이 자신이 필요로 하는 물을 충분히 공급받지 못할 때 가장 먼저 나타나는 현상은 잎과 줄기가 시드는 것이다. 이렇게 식물체가 시드는 현상은 세포들이 원래의 형태를 유지하기에 충분한 만큼 수분을 공급받지 못하기 때문인데, 특히 초본류에게는 줄기가 시들면 이내 땅바닥에 깔려 죽을 만큼 치명적이다.

식물이 광합성을 하기 위해서는 반드시 기공을 열어 외부로부터 이산화탄소를 받아들여야 한다. 이 과정에서 식물소식은 수분의 손실이 필연적으로 발생한다. 이런 손실된 수분의 보충은 뿌리에서 흡수하는 수분으로 충당된다. 만약 그런 수분공급이 원활치 못하면 식물이 시드는 것을 시작으로 점차 심각한 수분고갈 증세로 발전하게 된다. 수분 스트레스가 증가함에 따라 세포 내의 생화학적 과정에 더 많은 영향을 받게 되는데, 먼저 단백질과 엽록소의 합성이 현저하게 저하되고 뒤이어 물질대사에 관여하는 각종 효소들이 차례로 저해된다.

그러면 식물은 수분고갈에 어떻게 대응할까? 대부분 식물은 한낮에는 기공을 닫고 줄기생장을 억제해 증산작용으로 소실되는 수분이 없게 한다. 하지만 뿌리는 가급적 물을 많이 흡수해 오히려 생장이 촉진되기도 한다.

● 사막 식물은 적은 강수를 효과적으로 이용하여 짧은 기간에 생장과 번식을 마칠 수 있도록 적응한다.

식물이 수분 스트레스를 경험할 때 에틸렌 합성이 촉진된다는 사실도 잘 알려져 있다. 에틸렌은 수분 스트레스 외에도 과다한 수분, 병원균, 대기오염물질, 뿌리치기, 이식 때문에도 생성이 증가하는데 이는 식물의 종자생산을 촉진시켜 앞으로 예상되는 보다 심각한 수분부족 사태에 대비하는 방어전략으로 해석된다.

사막에서도 식물이 살아남을 수 있는 이유

조건반사식 대응과 달리 장기적인 생존전략 차원에서 자구책을 구하는 식물들도 있다. 햇빛에 대한 선호도가 식물종에 따라 각기 다른 것처럼 수분에 대한 선호도도 식물종에 따라서 크게 다르다. 호수나 늪처럼 항상 물이 있는 곳에서 생육하는 수생식물이 있는가 하면 수분이 극도로 제한된 곳에서 자라는 건생식물도 있다. 하지만 대부분의 식물들은 수분공급이 중간 정도인 곳을 좋아하는데 이런 식물을 중생식물이라고 부른다.

건생식물과 중생식물이 수분 스트레스에 적응하는 방법은 대체로 다음과 같이 세 가지 형태로 구분할 수 있다.

첫째, 가급적 많은 양의 물을 확보해서 저장하는 형태.

둘째, 체내의 수분을 가능한 한 최대한 보존하고 사용 효율을 높이는 형태.

셋째, 생화학적인 적응과 미세구조의 적응으로 극심한 건조기에도 생존하는 형태.

그렇지만 대부분의 경우 이 세 가지가 복합적으로 작용하여 수분 스트레스에 적응한다. 먼저 식물이 수분을 가급적 많이 확보할 수 있는 방법에 대해서 알아보자. 물이 풍부한 장소에서 자라는 수생식물이나 습지식물의 경우에는 굳이 뿌리를 멀리 뻗어서 물을 흡수할 필요가 없기에 뿌리의 발달이 빈약한 것이 보통이다. 습한 지역에서 자라는 침엽수림의 경우 뿌리의 무게가 전체 생체량의 20~25퍼센트 정도를 차지하는 데 반하여 건조한 열대지방의 사바나 삼림에서 자라는 침엽수림은 뿌리의 비율이 전체 생체량의 30~40퍼센트에 이른다. 사막식물의 경우에는 뿌리 비율이 때로 90퍼센트가 되기도 한다.

사막에서는 비가 내리는 기간이 짧은데 그때 물웅덩이가 만들어지고 또 지하 몇 미터 깊이에는 지하수층이 만들어진다. 그런 물웅덩이 주변에서 자라는 대부분의 일년생 초본류나 생활사가 짧은 관목들은 토양 속의 수분을 최후의 한 방울까지 흡수하기 위해 짧은 잔뿌리가 발달된 뿌리구조를 가진다. 이에 반해서 수명이 긴 다년생 식물들은 지하수층의 물을 이용하기 위해 뿌리를 곧고 길게 뻗는데 그 대신 잔뿌리는 거의 없는 것이 보통이다. 어떤 다년생 식물은 지하 18미터까지 뿌리를 내리는 것으로 알려져 있다.

잎에서 직접 수분을 흡수할 수 있도록 구조적인 적응에 성공한 식물들도 있다. 어떤 사막식물들은 잎 표면에 무수히 많은 돌기가 돋아 있어서 이슬이나 빗물이 쉽게 맺히도록 하는데 잎이 수분을 직접 흡수한다.

낮에는 광합성으로 이용되는 수분보다 증산작용으로 소실되는 수분의 양이 훨씬 더 많다. 따라서 물이 부족한 지역에서는 물 이용도가 상대적으로 높은 C_4식물이 발달한다.

식물의 적, 오존

🌿 오존은 얼굴이 다양하다

오존은 우리에게 비교적 친숙한 기체라고 할 수 있을지 모르겠다. 몇년 전에는 성층권에 위치한 오존층이 파괴된다고 해서 전 세계가 법석을 떤 적도 있고, 또 매년 여름이면 서울의 심각한 대기오염 실태를 고발하면서 그 주범의 하나로 오존 농도를 거론하는 일이 일상화되었다. 그런가 하면 우리 일상생활에서는 오존 소독이 좋다고 해서 오존 발생기가 많이 팔리는데 다른 한편에서는 그런 오존 소독의 효과를 부정하기도 한다.

그러면 이상하지 않은가? 도대체 왜 다 같은 오존인데 성층권의 오존층 파괴는 위험하고 또 지표면의 오존은 대기오염물질로 지탄받는 것일까? 또 왜 오존 소독의 효과에 대해서 찬반양론이 있는 것일까? 도대체 오존은 어떤 존재란 말인가?

우리는 중·고등학교 과학 시간에 오존이 산소 원자 세 개가 결합돼서 만들어진 기체로 상온에서 흐린 청색을 띠고 특이한 냄새를 풍기는 기체라고 배웠다. 우리에게 유익한 기체인 산소는 사실상 산소 분자를 지칭하는 것으로 산소 원자 두 개로 이루어져 있다. 이런 산소에 고열을 가하면 파괴된 산소 원자들이 세 개씩 짝짓기를 다시 할 수도 있는데 이렇게 만들어지는 것이 바로 오존이다.

사실상 오존은 오래전부터 살균효과가 있는 물질로 알려져 왔다. 항생제가 개발되기 이전에 폐결핵 환자들을 위한 요양소는 주로 햇빛이 풍부한 바닷가에 세워졌는데, 그런 곳은 자외선이 강해 공기 중의 산소가 분해되면서 많은 오존이 만들어지기 때문이다. 오존을 흡입하는 것이 폐결핵 치료에 도움이 된다고 한다.

하지만 해변이나 삼림지대처럼 공기가 특별히 깨끗한 장소가 아닌 대도시에서 생기는 오존은 오히려 해롭기만 한데 그것은 오존이 만들어지는 메커니즘이 전혀 다르기 때문이다. 대도시의 공기는 공장과 아파트 굴뚝, 자동차의 배기관 등에서 배출되는 대기오염물질로 크게 오염되어 있다. 그런 대기오염물질 중에는 산소 원자를 과잉으로 갖는 질소산화물(NOx) 등이 많이 포함되는데 이것들이 여름철 따가운 햇빛 아래에서 공기 중의 산소 분자와 반응해 오존을 만들어내는 것이다. 이렇게 대도시 오존은 처음부터 대기오염물질로 만들어지고 또 한여름에는 해변에서 자연적으로 형성되는 오존량보다 훨씬 많이 만들어지기 때문에 그 농도 역시 건강을 해칠 만큼 높은 것이 보통이다. 다시 말해서 우리가 호흡하는 공기 중의 오존은 그 농도가 극히 낮을 때는 건강에 도움이 되지만 일정 수준 이상으로 높아지면 건강에 심각한 악영향을 미치는 것이다.

🌀 오존층 훼손은 왜 일어났나?

지표면의 오존이 그렇게 농도에 따라서 우리 몸에 유익하기도 하고 해롭기도 한 것과 달리 지상에서 수십 킬로미터나 되는 높은 상공에 들어 있는 오존은 우리 생명을 지켜주는 아주 귀중한 존재라고 할 수 있다.

공기 중에서 오존이 만들어지는 메커니즘에는 여러 가지가 있는데, 한 예로 번개가 치거나 산불이 났을 때도 대량으로 생성된다. 다양한 경로로 만들어지는 오존은 대부분 지상에서 10~30킬로미터 되는 지점에 모여 있는데 이 양은 지구 전체에서 발생하는 오존의 약 80퍼센트다. 이렇게 오존이 밀집해 있는 부분을 오존층(ozone layer)이라고 부른다.

그러면 그런 오존층의 역할은 무엇일까? 오존층은 태양에서 오는 강력한 자외선을 흡수해 지구 생물들을 보호해준다. 오존층이 파괴되면 태양에서 지구에 도달하는 자외선 중에서 특히 UV-B(파장 280~320나노미터)가 많아지는데 이는 우리 피부와 눈에 치명적일 수 있다. 또한 해양 생태계 먹이사슬에서 중요한 역할을 하는 플랑크톤의 군집 구조가 크게 변해 지구 전체의 물질 생산과 순환에 커다란 피해를 입을 수도 있다. 이런 이유로 성층권의 오존층은 '지구 생명의 보호막'이라는 영예로운 찬사를 받고 있다.

그런데 1970년대 들어서부터 일부 대기과학자들이 오존층 파괴를 우려하기 시작하였다. 논란의 시작은 미국과 유럽을 오가는 초음속 여객기(콩코드)의 취항에서 비롯되었는데 다른 여객기들과 달리 초음속 여객기는 연료 사용을 줄이기 위해서 성층권을 날아야만 했기 때문이었다(공기 밀도가 낮을수록 공기저항이 적어져서 성층권에서는 같은 양의 연료로 더 멀리 날 수 있다). 초음속 여객기 엔진에서 배출되는 고열 가스가 오존 분자를 파괴할 수 있다는 것이 논란의 쟁점이었다. 하지만 당시에는 성층권 오존 농도를 제대로 측정할 방법이 없었으므로 이 논란은 흐지부지되었다.

오존층 훼손이 다시 언론에 등장한 것은 1985년 일단의 영국과학자들이 남극 상공의 성층권에서 '커다란 구멍'이라고 부를 정도로 오존 농도가 희박한 공간을 발견했기 때문이다. 당시는 지구환경에 대한 우려가 널리 퍼지던 시점이라 이 뉴스는 즉각 전 세계로 확산되었다. 그 후 세계 각국의 연구팀들이 경쟁적으로 오존층 연구에 뛰어들었는데 이들은 비단 남극 상공뿐만 아니라 전 세계적으로 성층권의 오존 농도가 조금씩 감소하고 있으며 비록 규모는 작지만 북극 상공도 오존층 구멍이 있다고 밝혔다.

오존층 훼손 뉴스는 그 원인이 무엇인지에 대한 논란을 불러일으켰는데 당시 언론은 냉장고 용매로 널리 쓰이는 프레온가스를 그 원흉으로 지목하였다. 과학적으로는 염화불화탄소화합물(CFCs)로 불리는 이 물질은 대기 중으로 방출되면 햇빛에 분해되어서 염소 원자를 내놓게 되는데 그렇게 이탈된 염소 원자가 쉽게 오존과 반응해 오존층이 파괴된다는 것이었다.

프레온가스는 비단 냉장고와 에어컨의 용매로서뿐 아니라 산업계에서도 다양한 용도로 사용되어 2차 세계대전 이후 사용량이 매년 급증하는 추세였다. 따라서 프레온가스 생산량과 오존층은 서로 반비례 관계에 있다는 사실은 곧 오존층 파괴의 주범이 프레온가스라는 점을 확신시켜주는 것처럼 보였고, 바로 이런 이유로 해서 1996년에는 전 세계적으로 프레온가스의 생산과 사용을 규제하는 몬트리올 의정서가 채택되었다. 몬트리올 의정서는 지구환경 보호를 목적으로 분명한 규제책을 명시한 최초의 국제적 협약으로 커다란 유명세를 타기도 하였다.

몬트리올 의정서 이후 선진국들은 프레온가스 생산을 즉각 중단했으며 현재는 염화불화탄소화합물 대신 염소 원소를 갖지 않는 대체 냉매제인 수소화염화불화탄소(HCFCs)를 사용하고 있다. 그러면 오존층 구멍에 대한 논란은 이제 끝난 것일까? 아니다. 오존층 문제는 지금도 여전히 논란 중이다. 그 논쟁의 초점은 대체로 다음 두 가지이다.

첫째는 프레온가스가 과연 오존층 파괴의 원흉인가 하는 점에 대해서이다. 만약 프레온가스 대량 사용이 오존층 파괴의 주범이라면, 대기 중으로 방출되는 프레온가스 양이 몬트리올 의정서 발효 이전과 비교해서 아직 크게 줄지 않은 상황이므로 오존층 구멍이 점점 더 확대되어야 마땅하다. 그런데 2000년대에 들어와서 남극의 오존층 구멍이 서서히 닫히고 있다는 보고가 잇달아 나오고, 또 다른 지역의 오존층 훼손 상태 역시 처음에 생각했던 것처럼 그리 심각하지 않다는 사실이 속속 밝혀지고 있다.

따라서 과학자들은 오존층 파괴 원인에 대해서 다시 한번 생각해보기에 이르렀는데, 요즈음에는 프레온가스와 함께 범지구적인 온실효과가 오존층에 영향을 미친다는 이론, 태양 흑점의 주기 변화 등으로 남극의 기후가 변하기 때문이라는 이론 등 다양한 주장들이 제기되고 있다.

오존층 훼손과 관련된 두 번째 논란은 1980년대에 나타났던 오존층 구멍이 지금까지 확장된다고 가정할 때 그것이 과연 인류를 비롯한 지구 생물들에게 얼마나 영향을 미칠 수 있을 것인가 하는 점이었다.

오존층 문제로 한창 시끄러울 적에는 남극에서 가까운 뉴질랜드에서 야생 토끼의 눈이 머는 현상이 관찰되었다거나 그 지역 주민들에게서 피부암 발생이 늘었다는 등 갖가지 소문이 무성하였다. 하지만 그런 소동의 대부분은 조사 결과 자외선 증가와 별로 상관이 없었으며, 오존층 파괴로 인해서 증가하는 자외선 양도 실제로는 아주 미미한 것으로 나타났다.

그러면 우리는 오존층 구멍을 둘러싸고 벌어졌던 지난 역사에서 어떤 교훈을 얻을 수 있을까? 나는 과학자들이 아직도 자연에서 더 많은 것을 배워야 한다고 생각한다. 요즘 젊은 과학자들은 마치 인류가 이제 자연의 비밀을 대부분 꿰뚫고 있다고 생각할지 모르지만 자연은 결코 그리 호락호락한 존재가 아니다. 비단 오존층 파괴 문제가 아니더라도 들에 핀 꽃 한 송이, 연못에서 헤엄치는 개구리 한 마리에 대해서도 사실 우리가 아는 것보다 모르는 것이 더 많지 않을까?

오존이 농작물의 생산성을 떨어뜨린다

그런데 언론이 주로 오존층 파괴와 심각한 대도시 오존 공해만 문제로 삼다 보니 정작 오존과 관련해서 반드시 짚고 넘어가야 할 중요한 점, 즉 바로 지표면의 오존이 농작물과 식물에 심각한 악영향을 미친다는 사실은 방치되고 있다.

오존은 앞에서 살펴보았다시피 공기 정화제나 소독제로 사용될 수도 있는데 이 말은 곧 이 기체가 생물체에 미치는 독성이 그만큼 강하다는 것을 의미한다. 실제로 대도시에서 문제가 되는 여러 대기오염 물질들, 예를 들어서 아황산가스와 질소산화물, 불화수소(HF) 등과 비교할 때 오존의 독성이 가장 높은데 바로 이런 이유 때문에 여름철 오존 농도가 높을 때는 오존경보가 내려지기도 한다. 오존경보는 오존주의보(0.012ppm 이상), 오존경보(0.3ppm 이상), 중대경보(0.5ppm 이상)의 3단계로 발령된다.

그러면 오존은 식물체에 어떤 영향을 미칠까? 식물은 잎의 기공을 통해 호흡하는데 광합성에 필요한 이산화탄소를 흡수하고 몸속의 수증기를 발산해 체온을 조절한다. 그런데 식물의 광합성이나 물질대사는 얇은 잎 속에서 진행되기 때문에 식물은 대기 중의 오존에 거의 무방비 상태로 노출되어 있다고 해도 좋겠다. 바로 이런 이유로 식물은 지극히 낮은 오존 농도에도 쉽게 반응해서 광합성과 기타 물질대사 기능에 심각한 저해를 받게 된다.

오존으로 인한 피해는 우리가 맨눈으로 직접 관찰할 수 있는 가시적 피해와 외부적으로 직접 볼 수 없는 비가시적 피해로 나눌 수 있다. 비가시적 피해는 현미경을 사용하여 내부조직 변화를 관찰하거나 실험을 통해서 생리적인 기작에 생긴 변화를 조사해서 파악할 수 있다. 오존으로 인한 피해 역시 다른 화학물질들로 인한 피해와 마찬가지로 처음에는 비가시적인 피해가 먼저 나타나지만 그런 증상이 악화되면 식물의 성장이 저해되고 수확량이 감소하는 등의 가시적인 피해로 이어진다.

● 오존에 노출되어 잎에 반점이 생긴 감자 잎(위)과 깻잎(아래).

오존 영향을 받은 식물에 나타나는 가장 특징적인 피해는 잎 전체에 작은 반점들이 생기는 것이다. 이 반점들은 특히 샐비어나 들깨처럼 잎이 연한 식물들에서 가장 먼저 관찰되는데 오존 농도가 높아지면 거의 모든 식물에서 관찰된다. 오존에 노출되면 잎 표면이 하얗게 변하기도 하는데 이는 잎 표면 바로 아래 있는 책상조직에 짙은 알칼로이드(alkaloid) 색소가 축적되어 일어나는 현상이다. 오존 농도가 낮을 경우에는 때때로 잎이 노랗게 변하는 황화현상이 나타나고 고농도에 노출된 식물에서는 거의 예외 없이 잎이 썩어 들어가는 괴저현상이 발생한다.

식물 종류별로 나타나는 오존피해현상을 정리하면 소나무, 은행나무 등 겉씨식물에서는 잎 끝부분에서 괴저와 잎의 생장 저해가 일어난다. 들깨, 담배 등의 속씨식물의 경우에는 잎 표면에 반점이 생기는 것이 대표적이다. 식물체 전체적으로는 광합성 부위가 손상되어 성장과 개화에 영향을 받는데 결국 수확량이 감소하는 결과를 초래한다.

오존이 생태계에 미치는 영향은 식물 개체들에서 나타난 피해가 집단적으로 발생하여 나타난다. 우선 오존은 식물 생장과 생산량에 영향을 주는데 오존에 민감한 개체로 이루어진 식물 군락의 경우 군락 전체가 피해를 받을 수 있으며, 그 밖에 광합성 기능 저하, 탄수화물의 불균형한 분배와 영양분의 이동으로 산림쇠퇴현상이 일어날 수도 있다.

한편 오존 피해를 받은 식물체는 생리학적인 특성도 변화한다. 따라서 해충과 병원체의 공격에 더욱 민감해질 수도 있는데 침엽수에서 페놀 성분과 수지가 감소되면 딱정벌레류, 균류의 침입에 약해질 수 있다고 한다. 그런 예로 미국 서부 지역의 산림에서는 나무좀류가 폭증하고 있는데, 광화학적 산화물 때문에 숙주식물이 약해진 데 그 원인이 있는 것으로 보고되었다.

오존에 가장 많은 영향을 받는 분야는 농업과 원예 부문으로 알려져 있다. 미국과 캐나다의 경우 오존으로 인해서 농업 부문에서 발생하는 손실이 연간 수십 억 달러에 이른다는데 이는 가뭄과 홍수, 병충해, 농약 과다 사용 등으로 인한 제반 피해비용을 모두 합친 것보다 훨씬 큰 액수이다. 하지만 우리나라에서는 오존이 농업에 어떤 악영향을 미치는지 아직 제대로 연구되지 않고 있다.

아름다운 단풍의 조건

🌿 나무들의 겨울 나기

세계지도를 펼쳐놓고 우리나라와 위도가 같은 나라들을 찾아보자. 유럽 쪽부터 살펴보면 포르투갈, 스페인, 이탈리아, 그리스, 터키, 이란, 이라크, 아프가니스탄, 중국, 일본, 미국 등이 될 것이다. 그러면 우리나라는 이 나라들과 무엇이 다를까?

아마도 혹독한 겨울 기후가 가장 커다란 차이일 것이다. 우리나라는 아시아 대륙의 동쪽에 위치해 전형적인 대륙성 기후를 나타내기 때문에 대륙의 동쪽 또는 중앙부에 위치하는 나라들보다 훨씬 더 추운데, 여름철 기후 역시 다른 나라들보다 대체로 더 무더운 경향을 보인다. 따라서 우리나라에 자생하는 식물들이 다른 나라 식물들에 비해 생활력이 아주 강인한 것이 당연한 일인지도 모르겠다. 마치 우리나라 국민성처럼.

우리나라 겨울은 춥고 건조하다. 그래서 식물들도 그런 혹독한 겨울을 견뎌내기 위해 일찌감치 준비하는데, 식물들의 겨울나기 방법에는 여러 가지가 있다.

먼저 대다수 일년생 식물들은 씨앗으로 겨울을 나는데 줄기, 잎 등이 말라 죽은 후에도 씨앗으로 다시 생장을 계속할 수 있으니 가장 손쉽고 편안한 겨울나기가 되겠다. 두 번째로 잎과 뿌리로 겨울나기를 하는 식물들도 적지 않은데 민들레, 냉이, 엉겅퀴 등이 여기에 속한다. 어떤 식물들은 잎을 땅바닥에 낮게 깔고 겨울을 나기도 한다. 세 번째로는 알뿌리로 겨울을 나는 식물들도 많다. 수선화와 글라디올러스가 그렇다. 마지막으로 땅속줄기를 이용한 겨울나기가 있는데 감자, 토란, 연꽃, 나리 등이 그런 예가 될 수 있다.

그러면 나무들은 어떻게 겨울을 날까? 나무들도 우리 사람들과 유사하게 일찌감치 겨울 준비를 하는데 상록수들은 추위에 민감한 잎부분을 보호하기 위해서 수분함량을 최대한 적게 하고 대신 잎에 부동액과 유사한 물질을 잔뜩 만들어서 채워 넣는다. 이에 반해서 활엽수들은 잎을 모두 떨어뜨리고 아예 나뭇가지만으로 겨울을 준비한다. 하지만 활엽수든 상록수든 우리나라와 같은 혹독한 겨울 추위에서는 모든 활동을 중지하고 깊은 겨울잠에 빠지는 것은 마찬가지이다.

낙엽은 활엽수 나무들의 대표적인 겨울나기 방법인데, 낙엽이 지기 직전 나무들은 마치 봄철 신록을 자랑했던 것과 같은 아름다운 자태를 다시 한번 뽐낼 수 있는 기회를 가진다. 바로 단풍이 그것이다. 단풍은 나무들이 겨울나기를 준비하는 과정에서 마련되는 마지막 축제라고 할 수 있지 않을까.

✍️ 가을 단풍은 어떻게 만들어지나

10월 말에서 11월 초엽에 이르러 날씨가 제법 쌀쌀해지면 강원도 설악산에서부터 시작해서 중부지방으로 서서히 단풍이 번지기 시작한다. 매년 봄이면 어김없이 새잎이 돋아나고 또 가을이면 그동안 푸르렀던 나뭇잎들이 울긋불긋 새롭게 단장을 하는데 아무리 자연법칙이라고 하지만 그런 연례행사가 자못 신기하기까지 하다.

누구나 다 알고 있듯이 단풍은 잎에서 생리적인 변화가 일어나 녹색 잎이 붉은색, 노란색, 갈색 등 다양한 색깔로 변하는 현상을 두루 가리키는 말이다. 샛노랗게 변하는 은행잎이나 핏빛을 연상시키는 다섯 손가락 단풍잎뿐 아니라, 그저 수수한 색깔의 보통 나뭇잎에도 단풍이 들기는 마찬가지이다. 다만 간사한(?) 우리 인간이 유난히 아름다운 몇몇 나무들에만 찬사를 보낼 따름이다.

단풍이 그처럼 갖가지 색깔을 나타낼 수 있는 것은 잎 속에 들어 있는 색소가 나무마다 다르기 때문이다. 가을이 되어 기온이 떨어지면 나무는 겨우살이를 위해 나뭇잎을 스스로 떨어뜨리려고 가지에 매달리는 잎자루 부분에 '떨켜'라는 특수한 세포층을 만든다. 이 떨켜 때문에 잎에서 만들어진 탄수화물이나 아미노산이 줄기로 이동하지 못하는데 이것들이 여러 가지 색소로 변하면서 고운 단풍 색깔을 띠는 것이다.

붉은 잎은 원래 녹색 색소인 클로로필(엽록소)이 분해되면서 생겨나는 안토시안(anthocyan)이라는 색소 때문에 나타난다. 노란 잎은 카로티노이드(carotinoid)라는 색소 때문에 나타나는데 이 색소는 봄철에 클로로필이 만들어질 때 함께 만들어져서 잎 속에 계속 남아있지

만 그 양이 적어서 평상시에는 제 색을
내지 못하는 것이 보통이다. 그러다가
가을에 클로로필이 분해되면 이윽고 잎
을 노란색으로 물들인다. 여름철에 어
떤 이유로 해서 나뭇잎이 시들게 되면
노란색으로 변하는 것도 다 이 카로티
노이드 때문이다.

참나무류에서 흔히 나타나는 갈색변
이는 타닌(tanin) 성분 때문으로 알려져
있다. 안토시안, 카로티노이드, 타닌 등의 색소들이 서로 다양한 비
율로 배합돼서 우리는 조금씩 다른 갖가지 색깔의 단풍을 구경할 수
있는 것이다.

그렇다면 단풍나무는 왜 뻘간색 잎을 달고 있는 것일까? 사실 붉은
빛을 띠는 식물은 단풍나무뿐이 아니다. 자주색 양배추, 붉은 차조
기, 베고니아 등도 있다. 이런 식물들은 원래는 녹색이었는데 품종개
량을 통해서 세포 속에 안토시안 색소량을 늘린 결과 그런 색을 띠는
것이다. 마찬가지로 단풍나무는 처음부터 다른 수종들보다 안토시안
을 많이 지녔기 때문에 항상 붉은색을 나타내는 것뿐이다.

가을에 단풍이 곱게 들기 위해서는 기상 조건이 제대로 들어맞아야
한다. 가을이 깊어지면 서서히 낮과 밤의 기온차가 커지는데, 차가워
진 밤 기온은 떨켜의 형성을 촉진시켜 한낮 따뜻할 때 광합성으로 합
성된 탄수화물이 줄기 쪽으로 이동하는 것을 막는다. 잎에 당이 많아
질수록 안토시안의 전환률도 높아지기 때문에 낮과 밤의 온도차가 유

난히 큰 해에는 예쁜 단풍의 장관을 구경할 가능성도 높아진다. 단풍 절경으로 유명한 내장산이나 설악산의 가을 산이 유독 더 붉은 것은 산이 내륙 깊숙이 있어서 다른 지역들보다 낮과 밤의 기온차가 더 크기 때문이다.

✏️ 세계의 단풍 명소를 찾아서

지구 상에서 단풍이 뚜렷한 지역은 매우 제한되어 있다. 단풍은 사계절이 뚜렷한 지역에서 유독 붉게 타오르는데 그렇다고 해서 사계절이 분명한 지역이 모두 단풍의 명소는 아니다. 북반구에서 가을 단풍이 유명한 곳은 크게 세 지역으로 나눌 수 있는데, 우리나라와 일본을 포함하는 동아시아 일대, 오대호의 동쪽 끝 세인트로렌스 만에서 남쪽 플로리다까지 이어지는 미국 동북부, 그리고 이베리아 반도를 중심으로 하는 유럽 남반부 지역이다. 남반구에서는 남아메리카의 가장 아래쪽 일부 지역에서만 아름다운 단풍을 볼 수 있다.

우리나라는 세계적으로 단풍이 아름답기로 손꼽히는 나라이다. 유명한 식물생리학자인 몰리쉬 박사는 단풍에 대하여 이렇게 말하고 있다.

"어떤 것은 노랗고, 어떤 것은 갈색이나 붉은색으로 핀다. 이러한 가지각색의 색깔은 너무도 아름답고 흥취를 돋워, 여러 가지 색깔이 없는 가을 풍경은 전연 상상조차 할 수 없을 지경이다. 일본과 북아메리카에서는 이 색깔의 아로새김이 한층 더 찬란하다. 일본이나 북아메리카 숲 속에 많은 단풍나무 종류는 다른 지역 나무들보다 붉은 색

● 우리나라 단풍(왼쪽)과 미국
의 단풍(오른쪽). 전 세계적으로
단풍이 뚜렷한 지역은 많지 않다.

소를 더 잘 만들기 때문에 그 숲은 마치 꼬까옷을 갈아입은 아기처럼
화사하다."

그런데 일본의 가을 날씨는 우리나라와 비슷하지만 공중습도가 더
높고 낮과 밤의 기온 차가 우리나라만큼 크지 않아서 단풍도 우리나
라만큼 아름답지 못하다. 아마도 몰리쉬 박사가 우리나라 단풍을 보
았더라면 한국 단풍이야말로 세계에서 가장 아름답다고 칭송했을
것이다.

그러면 우리나라에서는 어느 곳의 단풍이 가장 아름다울까? 내가
다녀본 장소 중에서는 설악산 일대, 특히 길게 이어진 계곡 풍광이
장관인 주전골 계곡과 오대산 월정사에서 상원사 가는 길의 단풍이
가장 아름다웠다. 이 밖에도 붉은 단풍 때문에 적악산(赤岳山)이라
고 불리기도 했던 치악산이라든지 변산반도에 자리한 부안 내소사
일대, 지리산 피아골 골짜기, 조계산 선암사 등도 널리 알려진 단풍
명소이다.

그렇지만 요즘은 자연의 단풍보다 인공적인 단풍이 더욱 아름다울
지도 모르겠다. 서울만 해도 잘 가꿔진 남산의 가로수 길, 삼청동을

끼고 청와대에 이르는 길, 덕수궁을 에워싸고 있는 은행나무 길, 상암
동의 하늘공원 억새밭, 양재천 길과 서초구 시민의 숲 등은 가을 정취
를 느끼기에 안성맞춤인 장소로 어쩌면 자연산의 단풍들보다 더욱 수
려할 수도 있다. 사람들은 수도 서울이 삭막하다고 말하지만 사실 잘
둘러보면 서울도 꽤 살 만한 곳이다.

식물의 생활형

기후에 따라 결정되는 식물 형태

모든 생물은 주위 환경에 적응하며 살아가고 이것은 동식물이나 사람들도 마찬가지이다. 그러면 사람들은 어떻게 환경에 적응하는 것인까?

먼저 겨울에는 추위를 막기 위해 옷을 두툼하게 입고 여름에는 체온을 낮추기 위해 얇은 옷을 입는다. 또 겨울에는 체온 손실로 잃는 에너지량이 많기 때문에 그것을 보충하고자 지방이 많은 음식을 섭취하고 여름에는 가급적 소식(小食)을 한다. 그런가 하면 추운 지방에서는 벽체가 두껍고 천장이 낮은 집을 지어서 적은 연료로도 난방이 유지되도록 한다. 열대지방의 집들이 천장이 높고 사방이 뚫려서 공기가 잘 통하는 것과 극히 대조적이다. 바람이 많은 몽골 지방에서는 사방이 꼭꼭 둘러 막힌 천막에서 생활하고, 지진이 많은 일본에서는 유연성 있는 목재로 집을 짓는다.

이런 식의 적응은 후천적 적응이며 문화적 적응에 속한다. 하지만 사람에게도 원천적인 적응형태를 찾아볼 수 있는데 가장 대표적인 예로 흑인종, 황인종, 백인종 등으로 분류되는 피부색 차이를 들 수 있을 것이다. 흑인 피부색이 검은 이유가 열대지방의 따가운 햇볕 아래에서 자외선으로 인한 피해를 예방하기 위한 적응형태라는 것은 잘 알려진 사실이다. 마찬가지로 백인들의 코가 높은 것은 겨울 추위 속에서 들이마시는 공기를 가급적 따뜻하게 하려는 신체적인 적응이며 공기가 부족한 고산지대에 사는 부족들이 유독 폐활량이 큰 것 역시 자신들의 환경에 나름대로 적응하기 위한 대응책이라고 하겠다.

이와 마찬가지로 식물들도 주위 환경에 맞게 적응하는데 식물의 경우에는 문화적 적응이 있을 수 없으므로 오직 자신들의 신체적 적응만으로 대처하는 수밖에 없다. 식물의 생활형(life forms)이란 주위 환경요인들에 반응해서 식물이 나름대로 개발한 형태적인 변화의 유형을 말한다. 식물은 오랫동안 살아가면서 온도, 수분, 빛 등 여러 가지 환경요인들의 영향을 받고 그에 적응한다.

이제까지 여러 차례 강조했듯이 환경이란 생물의 생활에 이러저러한 영향을 주는 요소들의 총체이다. 식물에 중요한 환경요인은 크게 기후적 요인, 토양 요인, 지형적 요인, 생물적 요인 등으로 나눌 수 있다. 먼저 기후적 요인에는 기온, 물(수분), 온도, 바람 등이 가장 중요하다. 토양 요인으로는 토양 속에 들어 있는 영양물질의 양과 조합 비율, 토양입자의 성분, 기타 토양의 물리적 성질 등이 중요한데 바닷가 갯벌에 사는 식물과 내륙 습지에 사는 식물의 형태가 확연히 다른 것은 대부분 토양 요건에서 기인한다고 할 수 있겠다.

지형적 요인으로는 식물이 서식하는 장소의 고도라든지 비탈의 경사도 등을 꼽을 수 있는데 지형의 영향으로 기후와 환경 요인이 변하는 경우가 많으므로 다소 중복되기도 한다. 그런 일례로 우리나라 태백산맥은 동해안 쪽은 경사가 급한 반면에 서해안 쪽 경사는 상당히 완만하다. 그래서 동해안에 면한 사면과 서해안에 면한 사면은 같은 고도라고 해도 기후 조건이 확연히 다른데, 특히 서풍이 많은 봄철과 여름철에는 푄현상이 나타나서 동해안 쪽 기온이 서해안 쪽보다 훨씬 높아진다. 그런가 하면 겨울철에는 태백산맥에 막힌 북서풍이 많은 눈을 내리게 해서 동해안 지역의 강수량이 풍부해진다. 이런 예는 지형적 요인이 기후를 비롯한 환경요인에 크게 영향을 미치고 그에 따라 서식하는 식물에도 많은 영향을 미치는 것을 시사한다.

식물 역시 다른 생물들과 함께 살아가기 때문에 다른 생물들과의 관계가 서식 식물에 커다란 영향을 미치게 된다. 몽골 지방에 초원이 크게 발달한 것은 일차적으로는 서울 추위와 바람으로 인한 것이기도 하지만, 가축의 방목과 땔감 사용으로 관목까지 모두 베어냈던 것을 이차적인 원인으로 꼽아야 할 것이다. 식물 역시 이런 다양한 주위 환경조건들에 적응하면서 살아가야 한다는 점에서 그 삶이 고달프기는 우리 인간들과 마찬가지일지도 모르겠다.

식물 생활형 분류

식물들이 주위 환경에 적응해 살아가는 모습은 사실 우리에게는 너무 익숙해서 그냥 지나치기 십상이다. 하지만 바람이 많은 곳에 사는 풀들은 바람에 대항해서 몸을 꼿꼿이 펴는 대신 바람에 따라 쉽게 몸을 눕힐 수 있도록 적응했고, 또 토양수분이 부족한 지역의 식물들은 사방으로 길게 뿌리를 뻗어 가급적 많은 수분을 흡수하도록 적응하지 않았던가. 이렇게 조금만 주의를 기울여 살펴보면 우리 주변 식물들의 적응 모습을 쉽게 깨달을 수 있다.

생활형은 식물의 생활양식, 즉 환경인자에 대한 적응성을 유형화(類型化)한 것으로 이런 구분에 처음 착안한 사람은 라운키에르였다. 그는 1907년에 발표한 논문에서 기후에 따라 식물의 형태적, 구조적 적응이 달라진다는 것을 밝혔는데, 겨울 동안 아무런 활동도 하지 않다가 봄이 되면 깨어나는 휴면아(休眠芽, 겨울눈)의 위치를 기준으로 삼았다.

라운키에르는 기후에 대한 식물의 반응에 근거하여 날씨가 추운 겨울철과 습도가 부족한 건기에 견뎌내는 겨울눈의 위치에 따라 고등식물을 30가지 생활형으로 구분하였다. 그런 불량기후기를 지낸 겨울눈이 지표면 2미터 이상 높이에 있는 모든 식물을 지상식물이라 하였고, 겨울눈의 위치가 2~8미터에 있으면 소형지상식물(관목), 25미터

부호	생활형	겨울눈 위치
MM	중대형지상식물	지상 8미터 이상
M	소형지상식물	지상 2~8미터
N	왜형지상식물	지상 0.25~2미터
CH	지표식물	지상 0~0.25미터
H	반지중식물	지표면 바로 아래
HH	수생식물	수중
TH	일년생식물	종자
E	착생식물	
G	지중식물	지중

라운키에르의 생활형 표준표

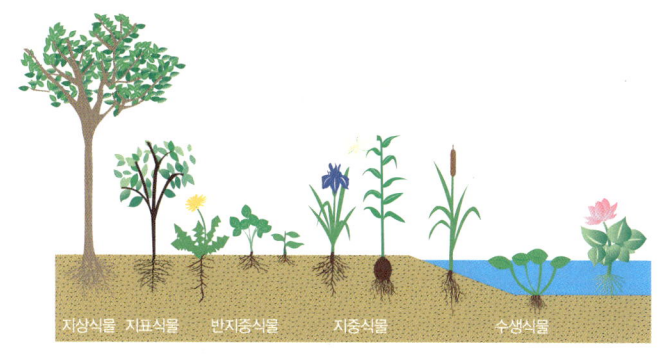

눈 위치에 따른 식물의 생활형

이상의 것은 대형지상식물(교목)로 하였다. 겨울눈이 지표면상 25센티미터에서 2미터에 있는 식물은 왜형지상식물, 지표면에서 25센티미터 사이에 있는 것은 지표식물, 겨울눈이 지표면에 접하여 존재하면 반지중식물, 토양 속에 지하경(地下莖, 땅속줄기), 괴경(塊莖, 덩이줄기), 구경(球莖, 알줄기) 등이 발달했으면 지중식물로 구분하었다. 수생식물 등은 다른 생활형으로 구분하였고 착생식물, 기생식물, 다육식물 등은 또 다른 생활형으로 구분하였다. 라운키에르는 또 1년생 식물, 2년생 식물, 다년생 식물 등으로 생활형을 구분하기도 하였다.

지상식물/PH : 겨울눈의 위치가 25센티미터 이상에 붙는다. 보통의 나무(N)는 0.25미터~2미터, 키가 큰 교목은 소·중·대형으로 나누어 각각 2~8미터, 8~25미터, 25미터 이상에 겨울눈이 나서 다른 종류들보다 외부 환경에 크게 노출된다.

지표식물/CH : 겨울눈의 위치가 25~0센티미터(지표면)에 위치하

● 수생식물 중 하나인 연꽃. 수생식물은 수중식물이라고도 하는데 식물체의 전체 또는 일부가 물속에서 산다.

는데 25센티미터 미만에 겨울눈이 위치하면 강풍에 노출되지 않고 눈에 덮여 보온될 수 있다(덴마크의 경우).

반지중식물/H : 겨울눈이 지표면의 바로 밑에 있어 낙엽이나 눈으로 보온될 수 있다.

지중식물/G : 겨울눈의 위치가 지표 아래쪽에 있으며 땅속에 묻혀 보온되는 땅속줄기나 구근이 있는 식물을 의미한다.

수생식물/HH : 겨울눈의 위치가 수면 또는 물에 포화된 토양 속에 있으며 뿌리를 내리는 수중식물. 다음 해에 생장하는 겨울눈은 물속에서 보온된다.

1년생식물 : 한 해 동안에 일생을 마치는 식물. 강낭이, 콩, 동부 등 많은 식물은 씨앗이 싹터 자라서 씨앗을 맺은 다음에는 완전히 죽어 버린다. 이런 한해살이식물은 사계절이 뚜렷한 온대지방에 많다. 온대지방에 있는 1년생식물들은 대부분 씨앗으로 겨울을 난다.

2년생식물 : 2년 동안에 일생을 마치는 식물을 뜻한다. 가을밀과 무, 배추 등 적지 않은 식물은 싹튼 첫해에 영양기관만 자라고 다음 해에 꽃피고 씨앗을 맺는다. 이와 같이 첫해에는 영양기관만 생기고 다음 해에 씨앗을 맺는 식물을 2년생(두해살이)식물이라고 한다.

여러해살이식물 : 2년 이상 여러 해 동안에 걸쳐 일생을 마치는 식
물을 말한다. 사과나무, 소나무, 진달래와 같은 나무들은 몇 년 또는
수십 년, 수백 년 동안 살면서 후대를 남긴다. 또한 은방울꽃과 같이
일생 동안 여러 번 씨앗을 맺는 식물들도 있고, 참대나 바위솔과 같이
여러 해 동안 살기는 하지만 단 한 번밖에 씨앗을 맺지 못하는 식물도
있다. 여러 번 씨앗을 맺는 여러해살이식물을 '거듭 열매 맺는 식물'
이라고 하며, 한 번만 씨앗을 맺는 식물을 '한 번 열매 맺는 식물'이라
고 한다.

여러해살이식물 가운데는 항상 푸른 식물들도 있고 해마다 가을에
잎이 떨어지는 식물들도 있다. 항상 푸른 여러해살이식물을 '사철 푸
른 식물'이라고 하며, 가을에 잎이 모두 떨어지는 식물을 '잎 지는 식
물'이라고 한다. 온대지방과 한대지방에서 자라는 대부분의 여러해
살이풀들은 가을에 땅 윗부분은 죽고 땅속 부분만 남으며, 봄에 이 땅
속 부분에서 다시 새로운 싹이 자라 씨앗을 맺는다. 이러한 식물을
'뿌리 묵는 풀'이라고 한다. 은방울꽃, 달리아 등은 뿌리 묵는 풀이다.

사철 푸른 식물 : 사철 푸른 잎이 달려 있는 여러해살이식물이다.
소나무, 참대, 고무나무 등 여러 해 동안 사는 많은 나무들에는 겨울
에도 푸른 잎이 달려 있다. 열대지방에 사는 많은 여러해살이풀들도
항상 푸른 잎을 달고 있는데, 이와 같이 잎이 항상 푸른 여러해살이식
물을 '사철 푸른 넓은 잎 나무'라고 한다.

우리나라 식물의 생활형

라운키에르의 생활형 구분에 따르면 우리나라 식물들은 어떤 생활형일까? 대단히 유감스러운 일이지만 우리나라 식물들이 지역에 따라 어떤 생활형을 나타내는지에 대해서는 아직 연구가 많이 부족한 실정이다. 하지만 경기도 일대에서 지난 1980년대에 조사한 생활형 분포(아래 표)는 서울 남산과 경기도 광릉의 경우에서 상당한 차이점을 발견할 수 있다.

남산에서는 대형지상식물과 소형지상식물의 분포가 광릉이나 축령산 일대에 비해서 더 많은데 이는 남산이 그동안 공원으로 관리되면서 키 큰 나무들의 보호에 상당한 신경을 써왔기 때문일 것이다. 이에 반해서 남산에서는 갯버들, 개암나무, 수국 등 왜소형지상식물로 분류되는 식물종은 매우 빈약하였다. 그런가 하면 사위질빵, 댕댕이덩굴, 팽이눈 등의 지접식물은 오히려 풍부했는데, 이런 현상은 그 이유를 한번 캐봄 직하겠다.

남산에 비해 경기도 광릉 일대와 그곳에 인접한 축령산의 식물 생활형 분포는 상당히 유사하였다. 따라서 이런 생활형 분포가 우리나라 중부지방의 식물상을 보여주는 좋은 예라고 할 수 있겠는데, 이 조

구분	다육 식물(S)	착생 식물(E)	중대형지상 식물(MM)	소형지상 식물(M)	왜소형 지상식물(N)	지표식물 (CH)	반지중 식물(H)	지중 식물(G)	일년생 식물(TH)	수생 식물(HH)	합계
서울 남산	0.4	0	10.3	10.3	2.8	5.3	31.5	13.7	25.4	0.4	100%
경기도 광릉	0	0.33	6.32	5.49	8.65	1.33	40 60	14.81	22.96	0.83	100%
경기도 축령산	0.53	0.35	8.87	8.51	7.09	2.66	36.70	14.01	20.57	0.71	100%

우리나라 경기도 일대에서 조사된 식물의 생활형 분포(1980년대)

사를 실시한 지 20여 년이 경과한 지금 같은 장소에서 다시 조사를 하면 그 결과가 어떻게 나타날까?

누구나 다 알고 있다시피 우리나라 산들은 지난 수십 년 동안 몰라보게 푸르러져서 이제 세계 어디에 내놓아도 부끄럽지 않을 정도가 되었다. 따라서 과거 조사 시보다 지상식물, 즉 교목과 관목의 비율은 훨씬 더 높아졌을 것이다. 그렇다면 다른 생활형 식물들은 어떻게 변했을까? 노구를 이끌고 지금이라도 광릉으로, 축령산으로 달려가고 싶은 마음 간절하다.

3장 생태계, 돌고 또 도는 진실

산림을 죽이는 괴물, 산성비?

🍃 산성비가 유럽의 삼림을 다 망쳤다고?

많은 환경문제는 사람들에게 건강과 재산상의 해를 끼친다. 또 거의 모든 환경문제는 사람들뿐 아니라 우리 주변의 동식물들에도 피해를 준다. 자연에 사는 생물들을 연구하는 생태학자들이 환경문제에 대해서 절대로 방관할 수 없는 이유가 바로 이 때문이다. 생태학자들은 환경보전을 위해 노력하는 최일선의 경계병이라고 해도 좋겠다.

그런데 1970년대 즈음부터 환경문제의 심각성이 널리 알려지게 되고 사람들이 환경오염에 대해서 부쩍 경계심을 가지게 되자 때로는 별로 대단치 않은 사건도 그것이 환경오염으로 인한 것인양 잘못 알려지는 경우가 나타나게 되었다. 산성비 공포는 그렇게 잘못 소개된 환경문제 중에서 가장 대표적인 사례라고 할 수 있다.

산성비 문제는 처음에 어떻게 시작되었을까? 환경오염에 대한 공포가 전 세계적으로 퍼진 것은 1970년대 말엽인데 당시 북부와 중부 유럽의 여러 지역에서 삼림이 대량으로 죽는 현상이 처음 발견되었다.

● 산성비로 인한 유럽의 삼림 피해.

피해가 가장 심각했던 독일 바이에른 지방에서는 전체 삼림의 40퍼센트에 이르는 나무들이 병들어 죽었는데, 이런 현상을 목격한 일부 독일 과학자들은 그것이 산성비 때문이라고 생각하였다. 이후 삼림 피해에 대한 사람들의 관심이 고조되면서 더 많은 조사가 진행된 결과 독일 전체 나무들의 약 10퍼센트가 산성비 위협에 직면하고 있다는 주장이 제기되었다. 독일 과학자들은 나름대로 산성비 원인을 제시했는데, 바다 선너 멀리 떨어진 영국의 공업지대에서 넬러오는 대기 오염물질이 가장 중요한 오염원이라고 적시하였다.

이렇게 되자 산성비 문제는 중북부 유럽 전역으로 확대되면서 오염물질을 발생시킨 원인 국가와 그로 인해 피해를 입는 국가가 서로 나뉘어서 격하게 논쟁하기에 이르렀다. 점점 더 많은 학자들이 산성비 문제를 직시하면서 그 피해가 점점 확대되는 것처럼 보였다. 스칸디나비아 지방에서는 호수에서 물고기들이 사라지는 현상이 관찰되었고, 궁전이나 교회, 동상 등 야외조각품이 유독 많은 유럽 도시들에서는 산성비로 인한 건물과 미술품의 훼손을 우려하는 목소리가 높아지게 되었다. 1980년대 들어 산성비 공포는 유럽인들에게 '하늘에서 내

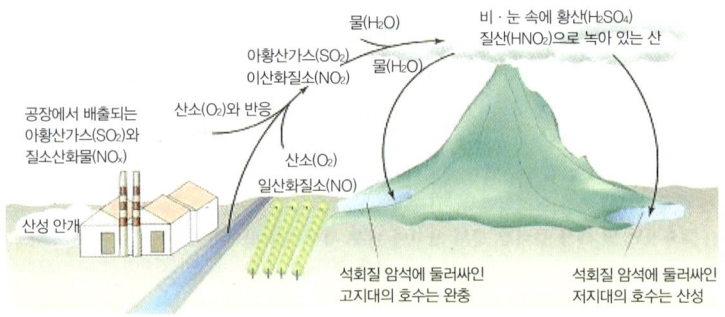

비·눈 속에 황산(H_2SO_4) 질산(HNO_2)으로 녹아 있는 산

물(H_2O)

아황산가스(SO_2) 이산화질소(NO_2)

물(H_2O)

산소(O_2)와 반응

공장에서 배출되는 아황산가스(SO_2)와 질소산화물(NO_x)

산소(O_2) 일산화질소(NO)

산성 안개

석회질 암석에 둘러싸인 고지대의 호수는 완충

석회질 암석에 둘러싸인 저지대의 호수는 산성

고등학교 교과서에 실려있는 산성비의 생성 원인.

리는 재앙'이라고 불릴 만큼 심각한 환경문제로 부각되었다.

산성비가 갑자기 대중의 관심을 끌게 된 데는 언론의 영향도 컸다. 특히 뉴스에서는 연일 병들어 죽어가는 나무들과 물고기 없는 호수들을 보여주면서 산성비의 위험성을 전달하기에 바빴는데 당시의 언론 보도 제목들을 보면 지금도 섬뜩하다. "눈에 보이지 않는 역병", "생태계의 히로시마", "소리 없는 하늘로부터의 파괴자" 등 온갖 위협적인 문구가 난무하였다.

우리나라의 산성비 문제

유럽의 산성비 소동은 이내 북미대륙으로 전파되어 미국과 캐나다 사이에 첨예한 국제적 사안으로 비화되었다. 미국의 공업지대는 주로 오대호 연안에 집중해 있는데 여기에서 방출되는 대기오염물질이 바람을 타고 날아가 캐나다 동부지방의 환경에 심각한 피해를 야기한다는 주장이 제기되었던 것이다. 실제로 북미 동부에 위치하는 애팔래치아 산맥 일대의 호수에서는 물고기들이 사라지는 현상이 목격되고, 삼림 피해도 심심치 않게 관찰되면서 이제 산성비는 범지구적인 환경문제로 부각되었다.

산성비 문제는 이내 우리나라에도 전해졌다. 우리나라에서는 1980년대 후반에 들어서 일부 환경과학자들이 산성비 가능성을 제기하기 시작했는데 당시에는 서울을 비롯한 대도시의 대기오염도가 지금보다 훨씬 심각했기 때문에 이내 대중의 관심을 끌게 되었다.

우리나라의 산성비 소동은 처음에는 그 원인으로 대도시에서 특히 많이 발생하는 아황산가스와 질소산화물 등의 대기오염물질이 거론되었다. 그러다가 1990년대에 들어서는 중국 동해안 지방에서 발생하는 대기오염물질 책임론이 제기되기 시작하였다. 특히 우리나라에서 연탄 사용이 급격히 감소하고 또 유황 성분이 제거된 석유연료들을 본격적으로 사용하면서 1995년 이후 대도시의 대기오염도는 급격하게 개선되었는데, 이렇게 되자 중국 책임론은 점점 더 힘을 얻게 되었다. 최근에는 중국에서 날려오는 황사까지 심각한 환경문제로 인식되면서 산성비 문제는 자칫 한국과 중국의 국제적 사안으로 비화될 가능성마저 있다.

그러면 우리나라의 산성비 정도는 어떠할까? 환경부에서는 우리나라 주요 도시들의 빗물 산성도를 항상 측정하고 있다. 다음 그래프는 1996년부터 2004년까지 근 10년 동안 각 지역에 내린 빗물의 연평균 pH값 변화를 나타낸다. 대체로 서울과 제주, 목포 등에서는 지난 10년 동안 pH가 낮아지고 있는데, 이와 달리 부산과 춘천에서는 pH

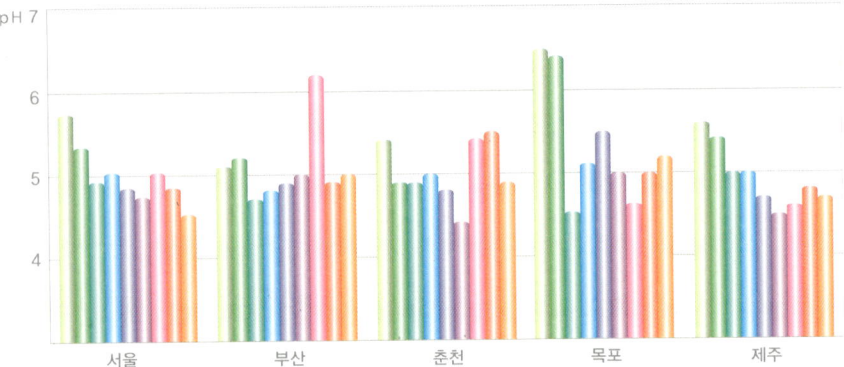

우리나라의 산성비 현황

값이 둘쭉날쭉해서 그것이 낮아지고 있다거나 높아지고 있다는 어떤 경향성을 발견하기 어렵다 (pH는 7.0을 기준으로 그보다 낮으면 산성, 높으면 알칼리성으로 구분한다. 자연에서의 빗물은 공기 중의 이산화탄소가 녹아들어서 약산성인 pH 5.6을 나타내는 것이 정상으로 알려져 있다. 산성비는 바로 이런 pH 5.6을 기준으로 해서 그보다 낮은 pH의 강우를 가리킨다).

그런데 위의 그래프를 좀더 자세히 살펴보면 몇 가지 의문점을 발견할 수 있다.

첫째, 위에 제시된 도시들의 대기오염 심각도는 서울 - 부산 - 목포 - 춘천 - 제주의 순서가 된다. 만약 산성비가 대기오염에서 주로 기인한다면 위의 도시들에서 대기오염도와 산성비 심각성의 순서가 별로 일치하지 않는 것은 왜일까?

둘째, 만약 대기오염이 산성비의 주 오염원이라고 한다면 서울과 제주의 산성도가 거의 유사하고 심각한 정도까지 거의 일치하는 것은

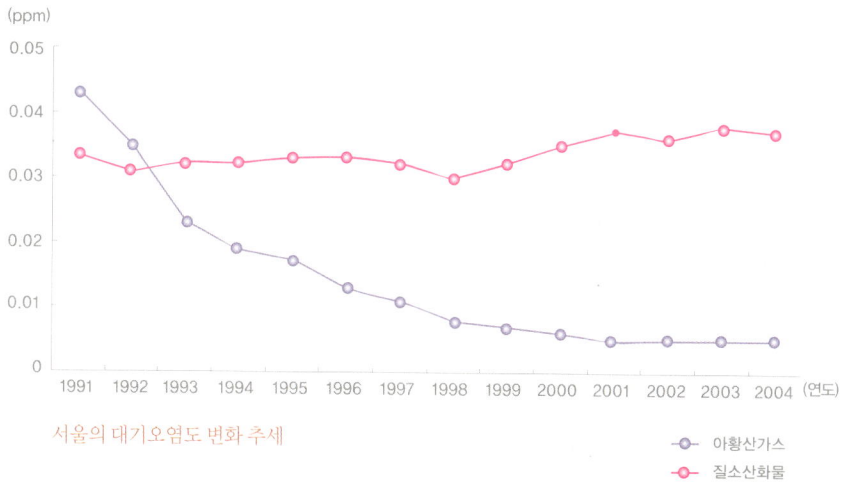

(ppm)

서울의 대기오염도 변화 추세

○ 아황산가스
○ 질소산화물

도대체 무슨 이유일까?

셋째, 만약 중국에서 날려오는 대기오염물질이 산성비의 주원인이라면 중국에 가까운 서울이나 목포의 빗물 pH가 중국에서 먼 춘천이나 부산보다 더 낮아야 할 텐데 현실은 전혀 그렇지 않다. 왜 그럴까?

지난 10년 동안 우리나라에 내린 빗물의 산성화 추세는 사실상 도시의 대기오염도와 거의 관련이 없는 것처럼 보이는데, 같은 기간 동안 관측된 대기오염도와 비교하면 더욱 분명히 알 수 있다.

사람들은 보통 우리나라 대도시들의 대기오염도가 매우 심각하고 또 지금도 계속 악화되고 있다고 믿는데 사실은 전혀 다르다. 대기오염물질은 아황산가스와 질소산화물인데, 위의 그래프에 나타난 것처럼 특히 아황산가스는 1990년대에 들어서 그야말로 드라마틱하게 감소하였다. 질소산화물의 경우에는 주 배출원인인 자동차가 급증하면서 같은 기간 동안 약간 증가하는 경향을 보였지만 그리 심각한 정도는 아니다. 통계적으로 계산할 때 수도권 일대에서 산성비 원인물질의 농도는 지난 10여 년 동안 약 절반에서 그 이하로 감소했다고 해도 좋겠다.

그런데 산성비와 관련해서 우리나라에서는 그동안 기묘한 일이 벌어졌다. 우리나라에도 산성비가 내린다는 소식이 처음 알려진 1980년대 후반부터 산성비로 인한 피해가 대단히 심각하다는 보도가 심심치 않게 쏟아졌던 것이다. 산성비 때문에 서울의 남산을 비롯한 수도권 일대의 산에서 나무들이 죽어가고 있다는 것에서부터 산성비 영향이 멀리 태백산맥과 제주도에까지 미치고 있으며, 심지어는 수도권에서 내리는 강산성 비를 맞으면 대머리가 된다는 루머성 보도까지 떠돌게 되었다. 이렇게 산성비 피해에 대한 소문이 난무하자 어떤 사람들은 비 맞는 것을 극도로 피하는 이상한 현상까지 나타나게 되었다.

유럽과 미국의 산성비 문제, 우려에 그치다

하지만 이런 우리나라 상황과 달리 유럽과 미국에서는 2000년대에 들어서면서 산성비 문제가 급속히 진정되는 추세에 있다. 그동안 시행된 많은 연구에서 산성비에 대한 진실이 속속 밝혀졌기 때문이다.

미국 전역에서 10여 년에 걸쳐 시행된 산성비 연구 프로젝트는 이제까지 단일한 환경문제에 대해서 그 인과관계를 규명하기 위해 가장 오래 조사하고 가장 많은 연구비를 투자한 사례이다. 이 연구에는 총 700명의 과학자들이 참여했으며 우리 돈으로 따져서 6000억 원 이상의 연구비가 집행되었는데 연구자들은 산성비가 삼림과 호수, 건물에 미치는 영향을 파악하기 위해서 온갖 종류의 조사를 진행하였다.

그런데 이런 장기적이고 종합적인 조사는 산성비가 산림에 아무런 악영향도 미치지 않는다는 것을 증명해주었을 뿐이다. 빗물의 산성도를 인위적으로 조정해 식물들에 뿌려주면서 수목의 성장률을 조사했던 여러 연구들에서는 산성과 강산성의 빗물에 노출된 나무들이 중성의 빗물에 노출된 나무들보다 더 좋은 성장률을 나타내기도 하였다.

미국 연구자들은 호수의 산성화에 대해서도 철저히 조사했는데 처음에 우려했던 것과 달리 산성비로 인한 악영향이 관찰된 호수는 조사한 전체 호수들의 1퍼센트 미만에 불과했다.

우연하게도 거의 비슷한 시기에 시행된 유럽의 연구에서도 거의 같은 결과가 나타났다. 국제연합(UN)과 유럽공동체위원회(European Commission)가 1996년에 발표한 삼림에 대한 연례보고서에는 "대기오염과 선성비로 인해 삼림에 피해를 미쳤다고 파악된 사례는 소수에 불과하다."라는 결론을 내렸다. 그 이듬해 국제연합은 전 세계의 산림 현황을 조사한 보고서에서 "1980년대에 많은 사람이 예견했던, 산성비로 인한 유럽 삼림의 광범위한 쇠퇴는 실제로 발생하지 않았다."라고 결론지었다.

실제로 과거 보도와 달리 유럽에서는 지난 1950년대 이후 나무들의 성장 속도가 더 빨라졌다는 보도도 있었으며, 산성비가 오히려 나무의 성장에 필요한 질소 성분을 공급해줘 그런 빠른 성장이 가능했다는 주장까지 제기되기에 이르렀다.

산성비와 삼림 황폐는 전혀 관계가 없다는 주장이 되살아나면서 1980년대 초반에 관찰되었던 대규모 삼림쇠퇴현상의 원인을 다른 데에서 찾는 연구 결과들도 발표되었다. 예를 들면 독일의 유명한 슈바르츠발트가 황폐해진 원인은 산성비 때문이라기보다 1981년부터 1984년까지 계속된 가뭄 때문이라는 주장이 그것이다. 연구자들이 황폐화된 삼림의 토양을 조사했더니 마그네슘이 결핍되어 있었는데 당시 독일 전역의 토양에서 그런 마그네슘 부족현상이 관찰되었다는 것이다. 마그네슘이 부족하면 곧바로 잎이 노랗게 마르는 현상으로 이어진다고 과학자들은 설명하였다.

그렇다면 마그네슘 부족현상은 왜 발생하였을까? 영국의 스케핑턴 (Skepington) 박사는 갑작스러운 가뭄을 그 이유로 들었다. 뜨겁고 건조한 여름 기후는 썩은 낙엽층에서 토양으로 유입되는 마그네슘을 고갈시킨다. 게다가 더운 날씨는 뿌리의 성장을 억제하므로 나무가 마그네슘을 섭취하는 양은 줄어들 수밖에 없다는 것이다. 이 때문에 가뭄이 끝나는 1985년부터 독일의 삼림 황폐도 더는 진척되지 않았다고 스케핑턴 박사는 주장하였다.

우리나라도 산성비 공포에서 하루속히 벗어나야

1980년대와 1990년대 초반까지 전 세계를 휩쓸던 산성비 소동은 이제 급속히 종말을 고하고 있다. 그럼에도 불구하고 우리나라에서는 여전히 산성비에 대한 우려가 그치지 않고 있음은 물론 최근 들어서 중국에서 발원하는 황사 문제가 크게 불거지면서 산성비에 대한 관심이 다시 고조되고 있다.

우리나라 산성비 문제에 대해 사실관계를 다시 한번 확인해보자.

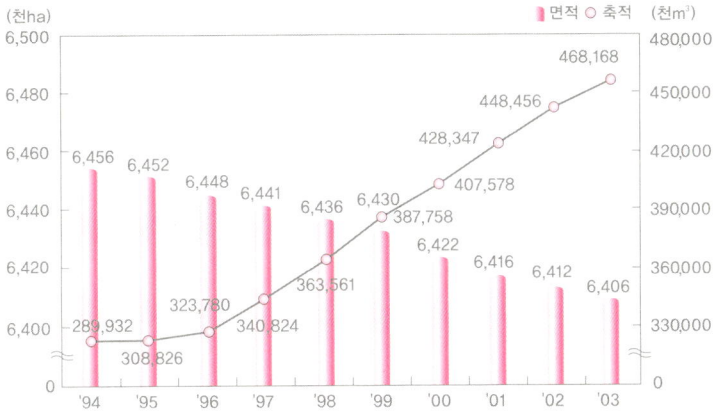

(천ha)　　　　　　　　　　　　　　　　　　■면적 ○축적　(천m³)

6,500 ┤

6,480 ┤

6,460 ┤ 6,456　6,452

6,440 ┤　　　　　　6,448　6,441

6,420 ┤

6,400 ┤

'94 '95 '96 '97 '98 '99 '00 '01 '02 '03

지난 10년 동안 우리나라 산림의 임목축적량

　첫째, 과거 유럽이나 미주에서는 삼림과 호수에서 산성비 피해가 구체적으로 관찰되면서 산성비 논쟁이 본격적으로 시작되었다. 그런데 우리나라에서는 그런 산성비 피해에 대한 보고에 앞서 빗물의 산성도만 가지고 산성비 문제가 불거졌다.

　둘째, 지난 10여 년 동안 우리나라에서는 도시의 대기오염도가 크게 개선되었으며 특히 산성비를 일으키는 원인의 60~70퍼센트를 차지하는 아황산가스 농도는 과거의 10분의 1 수준으로 감소되었다. 그럼에도 불구하고 빗물의 산성도는 예전과 별로 차이가 없으며, 대기오염이 심한 도시와 그렇지 않은 시골의 산성도 차이도 거의 없다.

　셋째, 그동안 많은 연구자들이 산성비로 인한 생태계의 변화, 특히 수목의 쇠퇴를 경고했지만 우리나라 산림은 매년 급속도로 성장하고 있다. 우리는 그런 수목의 놀라운 성장을 산림청이 제시한 위의 그래프에서 확인할 수 있는데, 이 그래프에서 우리는 산성비나 대기오염이 수목의 성장에 별다른 악영향을 미치지 않았다는 사실을 분명히 알 수 있다.

그동안 산성비 피해를 줄곧 주장했던 일부 연구자들은 산성비가 적어도 도시의 수목들에는 심각한 악영향을 주고 있다고 강변할지도 모르겠다. 나는 그런 연구자들에게 다시 한번 서울 한복판에 위치하는 남산이나 서울 주변의 북한산, 관악산을 찾아보라고 권하고 싶다. 과거 한때 대기오염이 극심했던 1970~1980년대에는 수도권 일부 지역에서 산림이 크게 손상되었던 것은 사실이다. 하지만 우리가 앞에서 살펴본 것처럼 1990년대 이후부터는 도시의 대기오염 문제가 크게 완화되었고 그에 따라서 도시의 나무들도 역시 과거보다 훨씬 잘 자라고 있다. 이미 몇 년 전부터는 남산 생태계가 다시 살아나고 있다는 반가운 뉴스가 전해지고 있지 않은가.

결론적으로 이제 우리는 그동안 우려했던 산성비 공포에서 벗어나야 할 시점에 이르렀다. 우리나라 빗물의 산성도는 지난 10여 년 동안 거의 차이가 없었으며 그것이 심각한 대기오염에서 비롯된다는 증거도 희박하다. 중국에서 오는 대기오염물질이 산성비 문제를 악화시킨다는 주장 역시 아직은 충분히 검증되지 못한 상태다. 무엇보다도 우리나라에서는 그동안 산성비로 인한 산림 생태계 피해나 호수에서 물고기가 사라지는 현상 등이 전혀 관찰된 바 없다. 그렇다면 이제 산성비라는 괴물은 우리 시야에서 사라져야만 하는 것이 아니겠는가.

가시고기에 대한 오해와 진실

한 편의 소설로 스타가 된 물고기

가시고기라는 이름의 물고기가 있다. 몇 년 전에 소설가 조창인 씨가 같은 제목의 소설을 발간했는데 그것이 베스트셀러가 되면서 일약 스타가 된 어류이다. 하지만 가시고기는 붕어나 잉어, 송사리, 미꾸라지처럼 우리에게 그리 친숙한 물고기가 아니다. 우리나라 어느 하천에서나 발견되는 흔한 물고기도 아니고 또 산란을 위해 하천으로 올라오는 짧은 기간을 빼면 대부분 바다에서 생활하기 때문에 여간해서는 일반 사람들의 눈에 잘 띄지 않기 때문이다.

이런 가시고기가 베스트셀러 소설 덕분에 그야말로 스타가 되었다. 더욱이 극진한 부성애를 가진 물고기로 소개되어 심지어 친부모라고 해도 자기 자식까지 버리는 요즘의 세태에 귀감이 되고 있다. 이제 가시고기에 얽힌 몇 가지 사실들을 추적하면서 우리에게 잘못 알려진 부분에 대해서도 살펴보기로 하자.

우리나라에서 발견되는 가시고기는 큰가시고기, 가시고기, 잔가

● 현란한 붉은 빛깔의 혼인색을 띤 큰가시고기 수컷(가시를 접은 모습). ⓒ송호복

시고기 이렇게 세 종류인데 다른 물고기들과 달리 등에 날카로운 가시가 나 있는 게 특징이다. 특히 가시고기의 대표주자라고 할 수 있는 큰가시고기는 몸집에 비해 아주 커다랗고 딱딱한 가시 3개가 등에 나 있는데 이 때문에 가시고기가 그물에 걸리기라도 하면 어부들은 그물이 찢어질까 얼른 꺼내버린다.

큰가시고기는 몸길이가 대략 10센티미터인데 몸 가운데가 마치 가자미처럼 비교적 넓적하면서 옆으로 납작하게 퍼져 있다. 이 고기는 아래턱이 위턱보다 튀어나와 있으며 몸 옆면에는 18~35개의 비늘판이 있고 등에 난 크고 날카로운 가시 외에도 배와 뒷지느러미 앞에도 따로 가시가 있다.

가시고기는 주로 우리나라 동해안 작은 하천에서 많이 발견된다. 특히 큰가시고기는 포항에서 부산에 이르는 동해안 지역에서 매년 3, 4월 산란기에 떼를 지어서 하천으로 올라오는 광경을 볼 수 있다. 큰가시고기는 2년생 어류로 알려져 있는데 마치 연어처럼 하천 상류에서 알을 낳고 부화한 치어들은 이내 바다로 돌아가 성어가 될 때까지 자라다가 산란기에만 하천으로 복귀한다. 가시고기들의 이런 귀

소본능은 대단히 강해서 매년 2월 말에서 3월 초에는 동해안 작은 하천에서 그야말로 작은 전쟁이 벌어진다. 이 시기는 갈수기에 해당해서 하천에 흐르는 물의 양이 아주 적은데 그러다 보니 하천이 바다로 열린 입구의 폭이 겨우 1미터 정도에 불과한 경우가 흔하다. 그런 하천의 문턱에서 서로 먼저 상류에 오르려고 하는 큰가시고기들이 자기들끼리 열심히 경쟁을 벌이는 것이다.

이런 가시고기의 강력한 귀향행동은 일찍부터 어류학자들의 눈길을 끌었다. 20세기에 들어서 동물행동학이라는 학문이 인기를 끌면서 일단의 연구자들은 가시고기에 다시 한번 주목하기에 이르렀다. 가시고기 수컷이 독특한 구애행동을 한다는 사실이 알려졌기 때문이다.

가시고기 암컷이 자식을 버린다고?

사실 가시고기는 오직 산란기에만 하천에서 발견되기 때문에 우리가 보는 가시고기 수컷들은 현란한 붉은 빛깔 혼인색을 띠는 것이 보통이다. 아마도 이런 특징 때문에 더욱 어류학자들의 주목을 끌었던 것이리라. 동물행동학자들은 가시고기의 혼인색에 더해서 독특한 구애행동에 주목하였다. 이제까지 알려진 가시고기의 구애행동은 대략 이러하다.

먼저 산란철에 하천으로 올라온 큰가시고기 수컷은 둥지를 짓기 시작한다. 대체로 물고기들은 암컷이 직접 돌 틈이나 모랫바닥에 알을 낳는 것이 보통인데 가시고기는 바다에서 가까운 하천 바닥에 그대로 알을 낳기 어려우니까 대신 둥지를 짓는 것이다. 큰가시고기 수컷은

● 큰가시고기는 하천 바닥에 둥지를 짓고 암컷에게 구애한다.

물풀이나 물이끼 등의 재료를 물어다가 체내에서 분비한 점액으로 붙여가며 보통 하루 정도 걸려서 집을 완성하는 것으로 알려져 있다.

우리나라 동해안 일대에서 조사한 연구에 따르면 큰가시고기는 대략 수심 30~60센티미터 되는 하천 바닥에 둥지를 짓는다. 많이 발견되는 곳에서는 1제곱미터당 무려 8개 이상의 가시고기 둥지가 발견되기도 하였다. 그렇다면 이른 봄 한철 그 하천은 가히 가시고기들의 세상이라고 해도 좋을 정도일 것이다.

집을 다 지은 후 수컷은 알을 밴 암컷을 향해 구애의 춤을 추기 시작하는데 갈지자로 암컷 주변을 배외하면서 서서히 암컷을 둥지로 끌어들인다. 마음에 드는 암컷을 고르기 위해서 먼저 집부터 장만한 뒤 현란한 댄스로 적극적인 구애행동을 해서 마침내 상대방을 자신의 둥지로 끌어들이는 가시고기 수컷의 행동이 어쩐지 우리와 닮지 않았는가?

어쨌든 둥지까지 암컷을 유혹하는 데 성공한 수컷은 암컷의 꼬리나 등 쪽을 툭툭 건드리는데 여기에 자극을 받은 암컷이 둥지에 알을 낳는다. 알을 낳은 암컷이 둥지를 떠나면 이어서 수컷이 알에 정액을 방출한다. 그런데 가시고기 수컷이 암컷 한 마리에게만 구애하는 것은 아니다. 같은 둥지를 사용해 최대 7~8마리 암컷을 유인하기도 하는

데 그렇다면 큰가시고기는 대단한 바람둥이인 셈이다.

한편 암컷 가시고기는 알을 낳기만 하고 전혀 돌보지 않기 때문에 자식을 두고 가출한 못된 어머니에 비교하는 것이 보통인데 이는 사실과 전혀 다르다. 실제로는 연어처럼 암컷 가시고기도 알을 낳은 후 바로 죽어버린다. 그러면 새끼를 낳고 자신은 이내 세상을 하직하는 가시고기를 위해 '장한 어머니상'이라도 줘야 하는 것이 아닐까.

그렇게 암컷이 죽기 때문에 누군가가 알을 돌보아야 한다면 수컷 가시고기가 떠맡는 것이 당연하다. 가시고기 수컷의 자식사랑은 이렇게 시작된다.

수컷 가시고기의 끔찍한 자식사랑

영국 옥스포드대학교의 니코 틴버겐(Niko Tinbergen) 교수는 13년 동안 큰가시고기의 특성을 연구한 공적으로 1973년에 노벨의학상을 받았다. 동물행동학자가 의학상을 받았다는 것이 다소 기이한 일이기는 하지만 생리학 부문에서 수상했고 동물행동학도 크게 본다면 생리학의 한 부분이라고 할 수 있으니 그리 놀랄 일은 아니겠다. 당시에는 동물행동학이 심리학의 한 부분으로 간주되기도 했으니 심사위원들이 그런 점을 고려했을지도 모를 일이다.

어쨌든 틴버겐 교수가 밝힌 큰가시고기의 끔찍한 자식사랑은 이러하다. 큰가시고기 알이 새끼로 부화하기까지 약 10~15일의 기간이 걸리는데 이 기간 동안 알을 돌보는 일은 진짜으로 수컷의 사명이다. 수컷 큰가시고기는 부화를 기다리는 알들에 더 많은 산소를 전달하기

위해 가끔 둥지 바로 위에서 머리를 위로 하고 곤추서서 양쪽 지느러미를 흔드는 기이한 행동을 한다. 또 둥지 주변을 배회하다가 행여 다른 물고기가 둥지에 접근하기라도 하면 기민하게 상대를 공격해서 쫓아버린다. 그런데 더욱 놀라운 점은 수컷 가시고기의 이런 행동이 알이 부화되기까지 10여 일 동안 줄곧 지속된다는 사실이다. 관찰에 따르면 가시고기 수컷은 이 기간 동안 아무것도 먹지 않고 오직 새끼 돌보기에만 전념한다는 것이다.

새끼들은 거의 같은 시기에 한꺼번에 깨어나는데 이때에도 놀라운 일이 벌어진다. 원래 암컷 가시고기가 낳은 알들은 한데 뭉쳐 있기 마련인데 알이 부화할 즈음에 이르면 수컷 가시고기가 주둥이로 알주머니를 터뜨려서 새끼들이 한꺼번에 태어날 수 있도록 돕는 것이다. 진화학적으로 설명해서 자연선택의 놀라운 결과라고 해야 할지 아니면 단순히 미물의 본능적인 행동에 불과하다고 해야 할지 모를 일이지만 어쨌든 큰가시고기의 지극한 자식사랑이 소설의 제목으로 등장할 만큼 유별난 것은 사실이라고 하겠다.

동물행동학 교과서에서 발견할 수 있는 큰가시고기에 대한 내용은 여기에서 그친다. 그런데 일반적으로 떠도는 가시고기에 대한 전설은 여기에서 한발 더 나아간다. 둥지를 보호하는 데 모든 에너지를 다 소비한 큰가시고기 수컷은 알들이 깨어난 후에 이윽고 죽어버린다. 또 죽으면서까지 자기 몸을 자식들에게 제공해서 가시고기 새끼들은 죽은 애비 가시고기를 뜯어먹고 자란다는 얘기가 그것이다.

그럼 이런 가시고기에 대한 전설은 사실일까? 가시고기 행동을 관찰한 연구논문들이 이미 수백 편이나 되지만 어떤 논문에서도 새끼들이 애비 가시고기를 먹고 성장한다는 보고는 없었다.

수컷 가시고기가 알이 부화된 후에 생을 마감하는 것은 사실이다. 그리고 주변에 있던 새끼 가시고기들이 그 몸체를 뜯어먹는 것도 사실이다. 하지만 그것은 '자기 애비' 몸을 먹는 것이 아니라 '죽은 고기'를 먹는 행위에 불과하다. 그런 가시고기의 일생도 사실상 따지고 보면 회유생활을 하는 연어들에서 볼 수 있는 것처럼 후손을 남긴 후에 세상을 떠나는 자연스러운 현상이라고 할 수 있다. 그런데 사람들은 연어에 대해서는 자식을 위해서 희생한다고 말하지 않으면서 왜 가시고기에 대해서만큼은 그렇게 자식사랑을 칭찬하는 것일까?

동물의 지극한 자식사랑은 비단 가시고기뿐만 아니라 새끼가 다 자랄 때까지 주머니에 담고 다니는 캥거루를 비롯하여 자신의 몸을 새끼들의 먹잇감으로 제공하는 거미에 이르기까지 얼마든지 찾아볼 수 있다.

큰가시고기 수컷의 열렬한 구애행동이나 지극 정성으로 새끼를 돌보는 습관 등을 우리나라 연구자들이 밝힌 것은 물론 아니다. 우리나라에서는 기껏해야 세 종류 가시고기들이 시식한다는 깃, 그리고 그 가시고기들이 이른 봄철에 동해안 하천으로 올라와서 번식한다는 것

정도가 밝혀졌을 따름이다.

　그런데 1990년대 초반 고리 원자력발전소에서 바로 이 큰가시고기 때문에 커다란 소동이 빚어진 일이 있었다. 그 해는 특히 건조해서 발전소 인근 하천의 수량이 크게 줄었는데 이 때문에 바다로 터진 하천 입구에 모래가 쌓였다. 이렇게 되자 산란할 장소를 찾아서 헤매던 가시고기 떼들이 한꺼번에 원자력발전소 취수구로 몰려들었다.

　본래 화력발전소나 원자력발전소는 터빈(물레방아처럼 둘레에 많은 깃이 달린 바퀴를 돌리는 원동기)을 돌리고 남은 고온의 수증기를 물로 바꾸기 위해서 다량의 냉각수를 필요로 하는데 바로 이런 목적에서 취수하는 바닷물에 큰가시고기 떼들이 다량 유입되었던 것이다. 이 때문에 냉각수 취수가 중단되고 급기야는 원자로 가동이 중단되는 사태까지 빚어졌다.

　우리가 생태학을 착실히 연구해야 하는 이유가 바로 이런 데 있다. 큰가시고기는 한낱 미물에 불과하지만 그것에 대한 연구가 동물행동학이라는 한 학문에서 중요한 위치를 차지하게 되었고 또 문학작품에 소개되어 사람들에게 자식사랑의 중요성을 일깨워주었다. 그런가 하면 그 미물이 원자력발전소라는 현대 과학기술의 총아를 어느 한순간에 멈춰버리는 그런 놀라운 일을 저지르기도 하였다.

　그러면 고리 원자력발전소는 그후 큰가시고기 문제에 대해 어떻게 대처하였을까? 매년 큰가시고기가 하천으로 올라올 즈음이면 발전소 직원들이 주변 하천들을 살펴보고 하천 입구를 미리 터주었다. 그렇게 해서 자신들의 산란지를 찾게 된 큰가시고기들이 더는 발전소에 몰려들지 않게 된 것은 물론이다.

반달곰, 지리산에 꼭 살아야 할까?

🖋 나날이 푸르러지는 우리 국토

나는 우리나라 산야의 식물을 연구하는 것을 업으로 살아왔다. 인생의 황혼에 서 있는 식물생태학자로서 우리나라의 산림이 지난 수십 년 동안 몰라볼 만큼 푸르게 바뀌었다는 것에 말할 수 없는 자부심을 느낀다. 젊은이들은 우리나라가 예전에 비해 얼마나 발전했는지, 특히 우리 국토가 얼마나 푸르러졌는지 알지 못할 것이다. 이제 타임머신을 타고 반세기 전의 세상으로 잠시 돌아가 보자.

우리나라 문학의 거인 김동인은 1933년 <삼천리>라는 문학잡지에 「붉은 산」이라는 짧은 단편소설을 발표했다. 다음은 고등학교 문학 교과서에도 실려 있는 그 유명한 소설의 마지막 부분이다.

여는 눈물 나오려는 눈을 힘있게 닫았다. 그리고 덥석 그의 벌써 식어가는 손을 잡았다. 잠시의 침묵이 계속되었다. 그의 사지에서는 무서운 경련이 끊임없이 일었다. 그것은 죽음의 경련이었다. 듣기

힘든 작은 그의 소리가 또 그의 입에서 나왔다.

"선생님."

"왜?"

"보고 싶어요. 전 보구 싶⋯⋯."

"뭣이?"

그는 입을 움직였다. 그러나 말이 안 나왔다. 기운이 부족한 모양이었다. 잠시 뒤에 그는 또다시 입을 움직였다. 무슨 소리가 그의 입에서 나왔다.

"무얼?"

"보구 싶어요. 붉은 산이⋯⋯ 그리고 흰 옷이!"

아아, 죽음에 임하여 그는 고국과 동포가 생각난 것이었다. 여는 힘 있게 감았던 눈을 고즈넉이 떴다. 그때에 '삶'의 눈도 번쩍 뜨였다. 그는 손을 들려고 하였다. 그러나 이미 부러진 그의 손은 들리지 않았다. 그는 머리를 돌이키려 하였다. 그러나 그럴 힘이 없었다.

그는 마지막 힘을 혀끝에 모아 가지고 입을 열었다.

"선생님!"

"왜?"

"저것⋯⋯ 저것⋯⋯."

"무얼?"

"저기 붉은 산이⋯⋯ 그리고 흰옷이⋯⋯ 선생님 저게 뭐예요?"

여는 돌아보았다. 그러나 거기는 황막한 만주의 벌판이 전개되어 있을 뿐이었다.

먼 만주땅에서 파락호(행세하는 집의 자손으로서 허랑방탕한 사람)로 살다가 짧은 일생을 마치고 죽어가는 한국 청년 '삵'은 조국의 '붉은 산'과 '흰옷'이 보고 싶다고 절규한다. 1930년대 식민지 지배하에서 청년기를 보냈던 나는 이 소설에 특별한 애착을 가지고 있는데 지금도 이 구절을 읽을 때마다 당시 우리 민족의 삶이 얼마나 한스러웠는지 그리고 우리나라 산들이 얼마나 헐벗었는지를 다시 떠올리곤 한다.

그렇다. 우리나라 산림은 이조시대 말엽과 대한제국시대, 그리고 일제강점기를 거치면서 크게 황폐화되어 도시나 마을 주변의 산에서는 아예 나무다운 나무를 보기가 어려울 정도였다. 오죽하면 삵이 붉은 산이라고 부르짖었을까. 붉은 산은 산에 나무가 없어서 낙엽이 쌓이지 못해 큰비가 내리면 표토가 씻겨 내려가 그 아래 황토층이 드러나는 산을 의미한다. 일제시대 기록을 보면 우리나라 전체 산림의 약 40퍼센트가 그처럼 황토가 드러나는 붉은 산이었다고 한다.

20세기 초엽에 우리나라 산이 그렇게 황폐해진 것은 전적으로 국가와 국민의 가난에서 기인한다. 석탄이나 식유를 구하기 힘들었던 당시에는 나무가 유일한 난방과 취사용 연료였으며 또 목재를 팔아서 생필품을 구해야 했기에 산림이 온통 헐벗게 된 것이다. 1945년 광복이 되어서도 그런 사정은 전혀 나아지지 않았다. 더욱이 1950년 남북이 3년 동안 전쟁을 벌이면서 우리나라 산림은 더욱 황폐화되었다.

그렇게 헐벗었던 우리나라 산림이 다시 푸르러지는 전기를 맞게 된 것은 1960년대부터 본격적으로 시작된 산림녹화운동과 국가경제의 발전으로 도시 가정의 연료가 나무에서 연탄으로 바뀌었기 때문이다. 1960년대와 1970년대에 학창시절을 보냈던 오늘의 40~50대들은 매년 봄 식목일을 전후해 단체로 산에 나무를 심으러 갔던 기억이 아련할 것이다. 서울에서 학교를 다녔던 사람이라면 봄 소풍을 겸해서 송충이를 잡으러 남산이나 관악산에 갔던 기억이 있을 수도 있겠다.

하지만 우리 국토 전역이 본격적으로 푸르러지기 시작한 것은 1980년대 들어서 시골에까지 난방용 연탄과 취사용 석유가 보급되었기 때문이었다. 사람들이 지게를 지고 산에 가서 나무를 해올 필요가 없게 되자 해가 갈수록 산림이 무성해진 것이다.

지난 반세기 동안 우리나라 산림의 발전상은 통계수치로도 확연히 증명된다. 1945년 해방 당시 우리나라 산림의 총면적은 681만 헥타르였으며 임목축적량은 5400만 세제곱미터(m^3) 정도였다. 해방 이후에도 산림은 더욱 황폐해져 1956년에는 아예 버려진 산지면적만 해도 68만 헥타르에 달했다. 그렇지만 1950년대 후반부터 시작된 조림사업이 점차 성공을 거두고, 1960년대 이후 1, 2차 경제개발계획의 성공으로 산에서 나무를 베는 일이 줄어들면서 산림의 임목축적량은 비약적으로 증가하기 시작하였다.

2000년에 우리나라 산림 면적은 약 642만 헥타르로 해방 당시와 비교하여 약 5.7퍼센트 감소하였지만 임목축적량은 1970년에 7100만 세제곱미터, 1980년에 1억 4600만 세제곱미터, 1990년에 2억 4800만 세제곱미터 등으로 비약적으로 증가해 2000년에는 약 4억 800만 세제곱미터에 달했다. 불과 반세기라는 짧은 기간에 우리 국토의 임목축적량은 무려 7.6배나 증가했던 것이다. 이런 산림녹화의 성공사례는 사실상 전 세계적으로 그 예를 찾아보기 어려울 정도여서 국제연합을 비롯한 여러 국제기구들이 앞다투어 그 성과를 개발도상국들에게 소개하고 있다.

이처럼 산림이 급속도로 푸르러져 우리 국민은 적지 않은 혜택을 누리고 있다. 예전에 비교해 홍수나 산사태와 같은 자연재해의 피해가 매우 감소하였다거나 이제 본격적으로 조성되기 시작한 성숙림(베어 쓸 수 있을 만큼 나무가 알맞게 자란 숲)에서 목재와 펄프, 숯, 각종 약초와 버섯류, 견과류 등 생산되는 산림자원의 종류가 다양해졌다는 것 등이 그 직접적인 혜택이겠다.

어디 그뿐이랴. 산림은 수자원의 저장고 구실을 하고, 각종 대기오염물질이 줄어드는 데에 기여하며, 온실기체로 불리는 이산화탄소를 흡수해 지구온난화 방지에도 커다란 도움이 된다. 최근에는 우리나라 거의 전역에서 각종 야생조수류들의 서식밀도가 크게 높아지고 있는데 이처럼 생물다양성이 풍부해진 것 또한 잘 가꾼 산림이 제공하는 눈에 보이지 않는 선물이라 하겠다.

우리 국토가 최단기간에 원래 모습을 되찾을 수 있게 된 데에는 정부와 국민의 일치된 산림녹화 노력과 그동안 나아진 경제 사정 등이 있다. 지난 1980년대 들어서부터는 시민환경단체들의 활약도 대단했는데 환경단체들이 자연보전 정신을 강조함으로 해서 우리 사회에서도 자연에 대한 관심이 부쩍 는 것이리라.

요즈음에는 여가시간이 많아지면서 점점 더 많은 사람이 산을 찾고 있다. 관악산, 북한산, 도봉산 등 명산이 많은 서울뿐만 아니라 수십 군데나 되는 전국의 도·국립공원에도 사람들이 몰려들고 있다.

여러분은 최근 찾아간 산에서 새소리에 귀를 기울여본 적이 있는가? 등산로를 가로지르는 다람쥐나 뱀의 모습을 본 적이 있는가? 숲속에서 후다닥 놀라서 날아오르는 장끼를 본 적이 있는가? 이름 모를 짐승의 소리를 들어본 적이 있는가? 잎사귀에 매달린 처음 보는 벌레나 곤충에 정신을 빼앗긴 적이 있는가? 익숙한 등산길에서 그동안 한 번도 보지 못했던 야생화나 버섯의 우아한 자태에 매혹된 적이 있는가? 만약 이런 질문에 '그렇다'라고 대답할 수 있다면 여러분은 필경 뛰어난 자연관찰가요, 또 자신도 모르게 그동안 푸르러진 우리 산림이 제공하는 혜택을 듬뿍 즐기고 있는 수혜자라고 할 수 있다.

하지만 내가 여러분에게 위와 같은 질문을 한 것은 사실 다른 데 목적이 있다. 산이 무성해지면서 산에 사는 동식물 종류와 수도 급속하게 늘어났다는 것을 강조하고 싶은 것이다. 요즈음 산에서는 예전보다 새소리가 더 많이 들리고, 짐승들의 자취도 많아지고, 또 기이한 자태의 동식물들도 점점 더 많이 발견되고 있다. 그럼에도 불구하고

산을 자주 찾는 사람들이 그런 변화를 미처 알아차리지 못했다면 그 것은 너무 슬픈 일이다.

일단 자생력을 회복한 자연은 이제 우리가 굳이 노력하지 않더라도 스스로 풍성해지고 풍요로워진다. 그것이 자연법칙이자 생태학의 원리이다. 그런데 자연을 사랑하는 사람들의 마음이 너무 애틋한 나머지 최근에는 아예 도를 넘어서 자연에 간섭하는 사례가 있는데, 그런 대표적인 사례가 바로 지리산에 반달곰을 살게 하자는 시민운동이다.

우리나라는 국토 면적의 70퍼센트가 산으로 이루어져 있고 또 이제는 더는 황폐한 산이 아니어서 서식하는 동식물의 수와 종류가 매우 많고 다양하다. 그렇지만 다른 나라들에 비교해서 크게 아쉬운 점이 있으니 노루나 고라니, 멧돼지 정도를 제외하고는 큰 동물을 찾아보기 어렵다는 것이다. 물론 예전에는 우리나라에서도 호랑이와 표범, 늑대, 곰, 사슴 등 대형 포유류들이 살았지만 근래에는 전국의 어떤 명산을 찾아봐도 사람들의 기억에 남을 만한 그런 야생동물은 아예 찾아볼 수가 없다(휴전선 근처에서는 산양이나 삵 등이 종종 발견된다고 한다).

그런데 사람들의 그런 아쉬움 때문일까? 지난 1990년대 중반에 설악산과 지리산에 반달곰이 서식하고 있다는 환경부의 발표가 있고 나서부터 지리산에 반달곰을 살게 하자는 캠페인이 전국적으로 전개되었다. 후에 우리 국토에 야생 반달곰이 서식한다는 환경부 발표는 잘못된 보도였다는 것이 판정 났지만, 그럼에도 불구하고 야생 반달곰 살리기 대작전은 정부와 시민단체들의 합작, 그리고 언론의 적극적인 보도로 이내 전 국민의 관심사가 되어버렸다.

반달곰에 대한 국민의 관심이 높아지면서 정부는 국립환경연구원 산하에 반달가슴곰 관리팀을 두어서 지리산에 반달곰을 방사하는 연구에 착수하였으며 그렇게 해서 1990년대가 지나는 동안 언론은 지속적으로 반달곰 관련 뉴스를 전하기에 바빴다.

그런데 지난 몇 년 동안 지리산 반달곰 소식이 뜸하다. 다만 이따금 언론에 보도되는 뉴스들은 목덜미에 전파발신기를 붙여서 자연에 방사했던 반달곰 네 마리 중에 더러는 죽고, 또 더러는 민가에 침입해 말썽을 부리다가 마침내 다시 철창 속에 갇히는 신세가 되었다는 것 정도에 그쳤다. 환경부는 2005년에 중국에서 반달곰을 어렵게 구입해 다시 지리산에 방사했지만 그들이 야생에 제대로 적응할 수 있을지는 심히 의심스럽다.

그러면 우리 국민이 그토록 성공하기 바라고 또 정부가 많은 예산을 투자해서 시행하는 지리산 반달곰 살리기 대작전이 성공하기 어려운 이유는 과연 무엇일까?

반달가슴곰은 흔히 반달곰이라고 부르는데, 머리부터 꼬리까지 몸길이가 약 120~180센티미터, 몸무게는 암컷 65~250킬로그램, 수컷 110~250킬로그램 정도 되는 비교적 작은 곰에 속한다. 반달곰은 과실이나 도토리 같은 열매가 많은 밀림지대에서 서식하는데 버찌, 머루, 산딸기, 다래 등을 좋아한다. 봄철에는 나무의 어린싹과 잎, 뿌리도 캐 먹고 썩은 나무를 파서 곤충의 애벌레와 번데기, 개미도 잡아먹는다. 또 개울이나 하천에서 가재나 작은 물고기를 잡아먹고, 조류의 알이나 새끼도 잡아먹어서 곰은 잡식성 동물의 대명사라고 할 수 있는데, 큰 몸집에 걸맞게 먹이도 많이 먹는다.

곰이 겨울잠을 자는 가장 큰 이유는 겨울철에는 먹이를 구하기가 쉽지 않기 때문이다. 곰은 대개 12월 중순경이면 바위굴이나 큰 나무의 구새통(속이 썩어서 구멍이 생긴 통나무)에 들어가서 겨울잠을 자는데 동면에 들어간 곰은 3월 중하순까지 굴에서 잘 나오지 않는다. 동면에 들어가기 전과 동면 후에 곰은 특히 식욕이 왕성해지기 때문에 이 시기에는 먹잇감을 찾아서 멀리 이동하

● 나무 위에 오른 지리산 반달가슴곰.

기도 한다. 대체로 곰 한 마리의 행동반경은 대략 20~30제곱킬로미터로 알려져 있다.

여기에서 여러분에게 질문을 하나 해보자. 우리가 반달곰을 방사하는 것은 그들이 야생에서 스스로 번식하고 살아남아 우리 후손들에게 반달곰이 사는 지리산을 물려주는 데 그 의의가 있을 것이다. 그러면 근친교배의 위험을 가급적 피할 수 있도록 적어도 20마리 또는 30마리 정도의 반달곰을 방사한다고 할 때 우리가 곰에게 제공해야 하는 산지 면적은 과연 얼마나 될까? 그 답은 간단하다. 곰 한 마리에게 필요한 면적을 25제곱킬로미터라고 하면, 최소 곰 20마리가 인간의 간섭 없이 야생에서 살아가기 위해서는 25 곱하기 20해서 500제곱킬로미터의 면적이 요구된다.

그러면 지리산에서 우리가 곰에게 제공할 수 있는 면적은 과연 얼

마나 될까? 지리산 국립공원은 우리나라 최대의 국립공원이지만 그 전체 면적은 472제곱킬로미터에 불과하다. 그런데 지리산은 매년 500만 명의 관광객이 즐겨 찾는 자연휴양지이며 전체 면적의 절반 이상이 사실상 인간 거주구역에 속한다. 여기에 총 수백 킬로미터가 넘는 수십 개의 등산로가 사통팔달로 얽혀 있어서 연중 어디에서나 쉽게 등산객들을 볼 수 있다. 한마디로 말해서 지리산은 우리가 생각하기에는 자연보호 구역이지만 사실은 인간들의 휴식처이자 휴양지라고 할 수 있는 것이다.

이런 환경조건을 감안할 때 지리산에 처음 방사했던 '장군이'와 '반돌이'가 인가 근처의 양봉장에서 꿀을 훔쳐 먹고, 염소를 물어 죽이는 등 행패를 부리고 심지어는 사찰에 침입하여 식량을 약탈하고 마구잡이로 기물을 파괴하기까지 했던 것은 너무나 당연한 일이었다. 단 두 마리의 반달곰을 수용하기에도 지리산의 자연공간은 너무 비좁았던 것이다. 결국 지리산 반달곰 살리기 운동은 정작 곰들이 서식할 수 있는 공간에 대한 고려가 전혀 없이 시도되었으므로 처음부터 실패가 예견되었다고 할 수 있다.

산이 푸른 만큼 우리 환경도 살아난다

산이 푸른 것은 그만큼 우리나라 환경이 살아나고 있다는 가장 확실한 증거가 된다. 이 말은 우리 국민이 예전보다 훨씬 좋은 환경에서 생활하고 있다는 것을 뜻하며 또 우리 후손들에게는 지금보다 더 좋은 환경을 물려줄 수 있다는 의미이기도 하다. 이제 우리 자연이 얼마나 건강하게 유지되고 있는지 몇 가지 증거를 찾아보기로 하자.

수달은 지난 1970년대와 1980년대에는 거의 찾아보기 어려울 정도로 그 수가 줄어들어서 일찌감치 천연기념물로 지정되었고, 또 환경부는 1998년 멸종 위기 야생동식물종을 지정할 때 1급 50종 속에 포함시켰던 동물이다. 그런데 한때 거의 멸종되다시피 했던 수달이 이제는 전국의 하천

● 나날이 울창해지는 우리나라 산림. ⓒ이원중

과 호수 곳곳에서 자주 목격되고 심지어 대구와 대전 등 도심 하천에서조차 어렵지 않게 발견되고 있다. 그뿐만이 아니다. 최근 언론 보도에 따르면 거제시 해금강 일대에서는 수달이 횟감용 활어를 훔쳐가는 사례가 잇달아서 상인들의 원성을 사고 있다고 한다.

신문을 눈여겨 읽는 사람이라면 지난 몇 년 동안 유난히 산삼을 캤다는 보도가 많았다는 사실을 눈치챘을지 모르겠다. 그런가 하면 최근 들어서 우리 국토에서 신종, 미기록종의 생물이 발견되는 사례도 점점 많아지고 있다. 지난 몇 달 동안만 해도 북제주군 동백동산 습지와 용수저수지에서 매와 비바리뱀, 팔색조 등 멸종 위기 동식물이 다수 서식하는 것으로 확인되었으며, 경남 거제의 한 야산에서는 국내에서의 서식 여부와 종 분류가 밝혀지지 않은 미기록종 개구리가 발견되기도 하였다.

그런가 하면 2005년 국립환경연구원 조사에서 국내에서 멸종 위기종으로 지정되어 있는 야생동식물 가운데 하늘다람쥐, 수달, 산양 등 42종(동물 39종, 식물 3종)의 서식이 확인되었다는 뉴스도 있다. 또 환경연구원은 거제, 추자도 인근 화도·절명서·윤돌도 등의 무인도에서 멸종 위기종인 매와 함께 이끼벌레류, 세이마뿔딱총새우류 등 미기록종 10여 종이 발견되었고 해양 무척추동물의 다양성도 매우 높은 것으로 확인됐다고 밝혔다. 서식이 확인된 멸종 위기 동물의 경우 하늘다람쥐, 얼룩새코미꾸리, 미호종개, 구렁이, 노랑부리백로, 매, 수달, 산양, 삵, 감돌고기, 개구리매, 담비, 가창오리 등이었다.

자, 그러면 우리 국토가 이렇게 살아나고 있는데 굳이 무리하면서까지 지리산에서 반달곰을 살려야 할까? 우리 국토에 반달곰이 살지 않는다고 해서 우리 환경이 다시 과거처럼 오염되고 훼손될 리 만무하다. 혹시 억지로 반달곰을 자연에 되돌리려는 것 자체가 환경에 위해(危害)를 가하는 일이 아닐까?

아카시아는 독수(毒樹)일까?

아카시아에 대한 오해

나는 아카시아를 사랑한다. 나른한 봄날이 눈 깜짝할 새에 다 지나가고 어느덧 반소매 옷이 그리워지는 5월이 되면, 한적한 골목이나 동네 뒷산을 산책할 때 달콤하고 기분 좋은 꽃향기가 전신을 감싸곤 한다. 젊은 아가씨들의 향수로 사랑받는 아카시아향이다. 아카시아 꽃이 없는 5월은 마치 라일락 꽃 없는 4월처럼 상상만 해도 무미건조하다. 아카시아 향기는 우리를 그윽한 분위기 속으로 젖어들게 하고, 또 꿀을 찾는 벌들에게는 그야말로 가장 좋은 먹을거리이기도 하다. 하지만 아카시아처럼 우리에게 잘못 알려진 나무도 별로 없을 것이다. 먼저 그 오해부터 밝혀보기로 하자.

벌써 오래전 일이기는 하지만 학교로 출근하는 길에 인부들이 아카시아 나무를 베는 장면을 목격한 적이 있다. 깜짝 놀라서 이유를 물었더니 아카시아 때문에 소나무가 자라지 못해서라는 것이다. 나는 바로 책임자를 찾아가 이렇게 말했다.

"우리 대학 캠퍼스에는 무슨 나무건 하루빨리 자라서 푸른 숲을 이루게 하는 것이 급하오. 아카시아야말로 다른 어떤 나무보다 더 빨리 자라서 이 캠퍼스에 좋은 숲을 마련할 터인데, 잘 자라지 못하는 소나무 한 그루를 위해서 아카시아를 그렇게 함부로 베어내는 것은 옳지 못한 일이오."

이런 내 충고가 받아들여져서 적어도 우리 대학에서는 아카시아가 사라지지 않게 되었다.

이런 일도 있었다. 1980년대 내가 한국자연보존협회 회장으로 있을 때였다. 하루는 <조선일보>에 "아카시아가 주위에 있는 다른 나무를 죽게 하는 독수(毒樹)이므로 이를 제거해야 한다."는 요지의 기사가 커다랗게 실린 적이 있었다. 마음속으로 몹시 불쾌했던 나는 그 기사를 쓴 기자의 이름을 적어서 사무실 직원에게 전하면서 이러한 사람이 오거든 꼭 내게로 안내하라고 일러두었다. 자연보존협회에는 평소에도 적지 않은 수의 기자들이 드나들기 때문에 그 기자를 꼭 만날 수 있을 것이라고 생각했다.

며칠이 지나지 않아서 한 사람이 내 방으로 안내되었다. 내가 만나려던 그 기자였다. 나는 그에게 이렇게 다그쳤다.

"당신이 아카시아를 나쁜 나무로 몰아붙이고 있어서 그 내용을 자세히 검토해보니, 아카시아가 다른 나무들보다 성장이 빨라서 그렇다는데 성장이 빠른 것이 어찌하여 나쁘오?"

한참을 꾸물거리며 변명거리를 찾던 그는 달리 이유를 댈 수 없자 마지막으로 내게 이렇게 되물었다.

"아카시아가 그렇게 빨리 자라서 온 산이 아카시아로 뒤덮이면 어떻게 합니까?"

"이 사람아, 아카시아는 300미터 이상의 고지에서는 살아남지 못한다네."

이런 내 답변에 그는 "잘못했습니다. 정정 기사를 내겠습니다."라고 사과했다.

나는 굳이 정정 기사까지 낼 필요는 없고, 차후에 기회가 있을 때 아카시아가 우리나라에는 아주 요긴한 좋은 나무라는 것을 알려주면 그만이라고 곱게 타일러 보냈다. 나중에 어떤 자리에서 임업인 한 사람이 나를 보고 아카시아를 독수라고 고발한 기사를 읽어보았느냐고 묻기에 그 기사를 쓴 장본인을 만나 타일렀다고 했더니, 그 기자에 대해서 참을 수 없다는 듯 자못 흥분했다.

이런 일화처럼 일반인들은 아카시아를 나쁜 나무로 여겨서 툭하면 베어버리기 일쑤다. 아카시아 나무는 노랫말에서나 사랑을 받지 실생활에서는 양봉하는 사람들이라면 모를까 그 이외에는 누구에게도 사랑받지 못하고 천덕꾸러기 취급을 받고 있다. 그러면 우리 사회에서는 왜 그렇게 아카시아가 천대받는 것일까?

아카시아가 아카시아가 아닌 이유

아카시아 어린 가지에는 가시가 있어서 다루기가 몹시 불편하다. 아카시아는 1년에 2~3미터나 자라므로 장작으로 쓰기 딱 좋은데 가시 때문에 접근하기가 쉽지 않다. 세나가 뿌리가 옆으로 마구 뻗어 나가서 주변 논밭에 침입하고 따스한 양지쪽을 좋아해서 자주 돌보지 않

● 아카시아 나무는 성장이 빨라 훼손된 산림을 복원하는 데 탁월하다.

는 무덤가에서는 몇 미터씩 자라나기도 한다. 아카시아의 놀라운 성장 속도와 아무 데서나 잘 자라는 특성이 오히려 사람들에게는 매우 못마땅하게 여겨지는 것이다.

사람들이 오랫동안 아카시아를 조상의 무덤을 해치는 나쁜 나무로 여겼던 나머지 이제는 아무짝에도 쓸모없는 나무라는 인식이 깊이 자리 잡고 있는 것이다. 심지어 1970년대 어떤 잡지에는 「아카시아 어린 나무(유목)를 빨리 제거하는 방법」이라는 연구 논문이 발표되기까지 하였다. 그 논문에는 어린나무에 농약을 뿌려서 죽이는 방법, 짚이나 거적을 덮어서 죽이는 방법 등 몇 가지가 실려 있었는데, 아카시아의 생태에 대해 제대로 알지 못하는 사람이 쓴 것이 분명해 보였다. 사람에게 이익이 되지 못하면 어떤 나무든 무조건 없애버려야 한다는 선입관에 사로잡혀 그러한 잘못을 저지르는 것이 한심하다는 생각을 금할 길이 없었다.

그런데 우리가 아카시아라고 부르는 그 나무는 사실상 아카시아가 아니다. 이것이 무슨 뚱딴지같은 소리냐고 하겠지만 원래 아카시아 나무는 정작 따로 있다는 것이다. 식물 분류체계상 아카시아는 콩과라는 큰 집단에 속하는데 콩과식물은 뿌리에 혹을 가져서 질소고정을 하는 특징을 가진다. 이 콩과에 아카시아속이라는 하위 분류군에 속하는 나무들이 진짜 아카시아 나무이다.

그러면 우리가 아카시아라고 부르는 나무는? 그것은 같은 콩과에 속하기는 하지만 아카시아속과 전혀 별개인 아까시나무속[Robinia]으로 본래 명칭이 아까시나무이다. 아카시아속 나무들은 원산지가 오스트레일리아로 아프리카, 아라비아, 미국 등 열대·아열대에 널리 분포하는 데 반해서 아까시나무는 미국이 원산지로 우리나라에 19세기 말엽에 도입된 것으로 알려져 있다.

뛰어난 질소고정 능력

아카시아는 뿌리에서 자라는 뿌리혹박테리아가 질소를 고정할 수 있기 때문에 척박한 토양에서두 잘 자란다. 또 성장이 빠르고 뿌리로도 번식이 가능해 황폐화된 산림을 신속히 회복시키는 데는 이것처럼 좋은 수종이 없다. 콩과식물의 특성상 수명이 짧은 것이 흠이라면 흠인데 헐벗은 산을 순식간에 푸르게 만드는 데는 안성맞춤이다. 이렇게 산이 푸르러지면 자연히 토양도 비옥해지고, 그러면 비옥한 토양에서 다른 수종의 나무들, 예컨대 참나무가 서서히 자리를 잡을 수 있다.

1980년대 미국 학자들이 조사한 바에 따르면 심은 지 4년 된 아카시아 숲에서 토양에 축적되는 질소의 양이 헥타르당 연간 30킬로그램에 달했다고 한다. 아카시아 나무기 성징에 필요한 질소를 충분히 사용한 후에도 여분의 질소를 그만큼이나 토양에 축적할 수 있었다는 것이다. 19세기까지만 해도 미국은 지나친 개발로 인해 황폐화된 삼림이 아주 많았는데 이런 훼손된 삼림의 복구와 복원에 아카시아가 톡톡히 효자 노릇을 했다는 것은 널리 알려진 역사적 사실이다. 현재도 미국 서부 지역에서는 폭우로 유실된 토지나 채굴이 중단된 광산 지역의 복원사업이 곳곳에서 진행되고 있는데 아카시아가 가장 먼저 이식되고 있다.

그러면 전 세계적으로는 어떠할까? 아카시아 종자가 유럽에 처음 소개된 것은 1600년대 초엽이며 그후 전 유럽과 한국, 일본, 중국 등 동아시아 나라들에 널리 확산되었다. 그 결과 아카시아 나무는 전 세계적으로 100만 헥타르 이상의 산림을 구성해, 활엽수 중에서는 세계에서 가장 많은 면적을 차지하는 오스트레일리아의 유칼리나무(유칼립투스) 다음으로 많은 면적을 차지한다.

아카시아가 우리나라에 들어온 것은 1880년경이라고 생각된다. 1877년 일본에 아카시아가 들어왔고 그 후 독일인이 아카시아를 중국 산둥성〔山東省〕 칭다오〔靑島〕에 심어서 녹화에 성공한 것을 본받아서 우리나라에서도 그런 시도를 했다고 한다. 요즈음 사람들에게는 낯선 단어지만 1970년대까지만 해도 사방공사(砂防工事)란 말이 자주 쓰였다. 예전에는 산에 나무가 별로 없어서 큰비가 내리면 토사가 흘러내리고 심하면 산사태가 발생해 인명과 재산을 잃는 일이 상당히 많았다. 사방공사는 그런 재난을 방지하기 위해 산에 나무를 심는 사업을 말하는데, 성장이 빠르고 척박한 땅에서도 잘 자라는 아카시아가 거기에 가장 적합하다고 여겨졌다. 하지만 아카시아가 뿌리를 사방으로 펼쳐 넓은 지표에서 양분을 흡수한다는 특성을 무시하고, 낙엽을 채취한다는 핑계로 미처 다 자라지 못한 아카시아 숲의 토양을 함부로 긁는 등 숲을 지나치게 훼손한 결과 아카시아 식림은 대부분 실패하고 말았다.

🖋 아카시아는 어디에 쓰이나?

아카시아 나무는 단단해서 각종 건축용 자재로 쓰이고 장작으로도 아주 유용하다. 또 꽃은 아주 향기로운 꿀을 담뿍 담고 있어서 양봉가들의 찬사를 한몸에 받고 있으며, 여기에서 추출한 아카시아꿀은 풍미와 효능이 으뜸가는 우수한 천연식품으로 손꼽힌다.

하지만 아카시아 용도가 그 정도에서 그치는 것은 절대 아니다. 우리나라에서 아카시아는 어떻게 더 활용될 수 있을까? 최근 나무가 무성해지면서 산불이 자주 발생하는데, 그 때문에 넓은 산지가 황폐화되었을 때 그것을 그대로 방치해두면 여름철 강우 시에는 토사가 흘러내리고 산사태가 나는 등 여러 가지 문제가 발생할 수 있다. 따라서 하루속히 원래의 푸른 산으로 회복시켜야 하는데 이때 가장 먼저 심는 수종으로 적합한 것이 바로 아카시아이다. 바닥이 온통 드러난 척박한 토양에서도 잘 자라고, 또 햇볕이 많이 내리쬐는 곳을 좋아할 뿐만 아니라 뿌리가 사방으로 넓게 퍼져서 토양 소실을 잘 막아주고, 성장도 빨라서 불과 몇 년 만에 숲을 조성할 수 있는 등 아카시아는 그야말로 산불로 훼손된 산림을 되살리는 데 가장 적합한 구원투수인 셈이다.

하지만 이렇게 산림을 복원할 목적으로 아카시아를 심고자 할 때문제가 아주 없는 것은 아니다. 앞에서 지적했다시피 아카시아는 표고 300미터 이상의 산에서는 자랄 수 없기 때문에 동네 야산이 아닌 높은 산의 산림을 복원할 때는 별다른 도움이 될 수 없는 것이다. 그러면 방법이 아주 없는 것일까?

아니다. 요즈음 유행하는 유전공학 기법을 이용한다면 약간의 노력으로 300미터 이상의 높이에서 자라는 아카시아 수종 개발이 충분히 가능할 것이다. 이렇게 높은 고도에서 자라는 아카시아 품종을 개발할 때 따르는 이점이 한 가지 더 있다. 식물은 고도가 30미터씩 높아질수록 개화가 하루씩 늦어지기 때문에 해발 300미터의 산에서 자라는 아카시아는 평지에서 자라는 아카시아보다 10일이나 개화가 늦어지게 된다. 만약 해발 500미터에서도 자랄 수 있는 아카시아 품종이 있다면 꽃피는 기간이 보름 이상 늘어나서 양봉가들에게는 그야말로 좋은 소식이 될 것이다.

아카시아는 이처럼 산불이 발생한 장소뿐만 아니라 인위적으로 목재를 베어낸 곳, 버려진 풀밭, 황폐한 길섶 등에서도 왕성하게 자란다. 일단 한곳에 정착한 아카시아 나무는 빠른 성장으로 불과 3년 만에 그 높이가 8미터에 이르게 된다. 하지만 그렇게 놀라운 성장을 자랑하는 아카시아도 지력이 좋은 곳을 제외하고는 10~20년이 지나면 자연히 쇠락하게 된다. 아카시아 줄기를 파고드는 해충으로 인한 고사율이 높아서 서서히 쇠퇴하는데, 어느새 함께 자라난 참나무 계열의 나무들에게 그 자리를 내어준다. 아카시아 줄기가 빽빽하지 못해서 그 줄기 틈으로 다른 나무들이 햇빛을 담뿍 받고 쉽게 자랄 수 있는 것도 아카시아의 쇠퇴를 부추기는 다른 한 원인이 된다. 어쨌든 인위적 간섭이 가해지지 않는다면 아카시아 숲은 한 세대도 못 가서 자연히 사라지고 그 대신 우리나라 산림의 극상림인 참나무 숲으로 바뀔 것이다.

여러분은 혹시 요즈음 집 가까운 야산에서 아카시아 꽃을 관찰한 적이 있는가? 그리고 5년 전, 10년 전 그 야산의 모습을 머리에 그려볼 수 있는가? 우리나라 야산에서 아카시아가 가장 흔했던 때는 벌써 여러 해 전이다. 이제 대부분 야산에서 아카시아는 보기 어렵게 되었는데 이것은 우리나라 숲들이 그만큼 참나무 숲으로 빨리 변모하기 때문이다. 우리는 자연스러운 삼림의 천이현상을 아카시아 나무를 통해서 보고 있는 셈이다.

이제 마지막으로 한 가지 더 생각해보기로 하자. 앞으로 언젠가 통일이 되면 가장 먼저 해야 할 일에는 어떤 것이 있을까? 물론 여러 측면에서 무수히 많겠지만 가장 먼저 해야 할 일은 산림녹화사업이다. 북한은 지난 수십 년 동안 가난과 궁핍에 시달리면서 산림을 미구 훼손한 나머지 근래에는 매년 산사태와 토사유출의 재난을 겪고 있다. 마치 1960년대 우리나라처럼 말이다. 따라서 무엇보다도 산림복원이 시급하다고 하겠는데 이때 '헐벗은 산에 어떤 나무를 심어야 하는가?' 하는 문제가 자연스럽게 제기될 것이다. 이에 대한 해답은 물론 아카시아 나무이다. 우리가 앞으로도 아카시아를 사랑해야 하는 이유가 바로 여기에 있다.

한라산의 식물분포 다시 보기

비좁지만 다양한 기후를 가진 우리 국토

우리나라 국토의 특징은 여러 측면에서 생각해볼 수 있겠지만 식물생태학자 입장에서 생각해본다면 중위도 온대지방에 위치하면서 대륙 동쪽에 있는 반도국가라는 점, 기본적인 토질이 화성암이기 때문에 비옥한 토지가 아니라는 점, 그리고 산지가 많고 평지가 상대적으로 부족하다는 점 등을 들 수 있겠다.

우리나라가 아시아 대륙 동쪽에 위치한 반도라는 사실로 인해 필연적으로 대륙성 기후의 영향을 받는데 이런 기후 특징은 고온다습한 여름과 한랭건조한 겨울, 그리고 장마와 태풍 같은 자연재해에 취약하다는 점으로 요약할 수 있다. 다시 말해서 북반구 중위도 지역만을 따진다면 가장 극단적인 기후에 노출되어 있는데 이런 기후적 특성과 척박한 토질, 높은 산지 비율 등이 작용해 우리나라의 식물분포를 결정하게 된다. 우리나라 식물상이 좁은 국토 면적에 비해 다양한 이유는 바로 이런 지리적인 특성에서 연유하는 것이다. 실제로 북유럽에 위치한 영국은 우리나라보다 2배 반이나 크지만 국토가 거의 평지고 기후가 단조로운 관계로 서식하는 식생이나 생물은 우리보다 다양하지 않다.

이처럼 좁은 국토이지만 서식하는 동식물상의 다양성은 다른 나라에 비교해 결코 떨어지지 않으니 나 같은 생태학자들에게는 커다란 행운이 아닐 수 없다. 그래도 아쉬운 점을 꼽자면 우리나라 산 중에는 이렇다 할 높은 산이 없어서 한 장소에서 다양한 생물상을 접할 기회가 별로 없다는 점이 아닐까?

예를 들어 이웃 나라 일본만 해도 해발 3000미터가 넘는 고산들이 10여 개나 있어서 식물의 수직분포를 연구하기에 더없이 좋은데, 우리나라에서는 가장 높은 산이라고 해봐야 해발 1950미터에 불과한 한라산이 고작이다. 그렇지만 다행스럽게도 한라산은 화산활동으로 만들어진 섬에 위치하고 또 기후대가 난대권역에 속하기 때문에 발견되는 생물상은 다른 나라의 높은 산들에 못지않다. 한라산은 식물생태학을 연구하는 사람들에게는 더없이 요긴한 연구대상이다.

한라산 식생에 대해 관심을 가지다

한라산은 우리나라에서 식물의 수직분포를 관찰할 수 있는 유일한 곳이다. 따라서 한라산의 식물분포도는 중학교 교과서에 수록되는 등 널리 알려져있다.

그런데 이런 식생의 수직분포도는 사실 다른 나라의 사례를 그대로 베껴온 것이다. 한라산은 외국 산들의 전형적인 식물분포와 상당히

● 우리나라에서 제일 높은 한라산(해발 1950미터).

다른 양상을 보이는데 해방 이후 60년이 지난 지금까지도 충분히 연구되지 못했다는 사실은 매우 안타깝다.

한라산의 식물분포도를 처음 작성했던 연구자는 일본인들이었다. 그들은 일본의 고산지대에서 나타나는 식물분포상에 기초하여 한라산도 산 아래에서부터 위로 올라가면서 산록대(상록수림), 활엽수림대, 침엽수림대, 관목대, 고산식물대(혹은 초본대)로 구분할 수 있다고 주장하였다. 다음 그림이 그런 주장을 대변하고 있다.

그런데 1946년 한라산을 처음으로 등반했던 나는 식물의 수직분포가 일본학자들이 제창했던 바와 판연히 다르다는 사실을 발견했다. 이후 나는 꾸준한 연구를 통해서 한라산의 식물분포가 다른 나라 고산들과 달리 독특한 특징이 있다는 것을 여러 차례 확인할 수 있었다.

먼저 나는 한라산에는 산 정상 부근에 고산식물대가 아예 존재하지 않으며 관목대도 기후 때문이 아니라 특별한 토양 조건 때문에 형성된 것이라는 사실을 알게 되었다.

한라산의 식물분포를 보면, 제주시 쪽에 면한 북측 사면에는 광대한 초원지대를 거쳐 해발 700미터 지점에 이르러서야 비로소 잡목림(활엽수림)이 나타난다. 700미터에서 1100미터까지 이어지는 활엽수림에는 서어나무와 졸참나무가 주를 이루고 그 숲 속에서 표고버섯이 재배된다.

교과서에 실려있는 제주도 식생의 수직분포도

해발 1200미터 지점에서 소나무가 나타나기 시작하고 1250미터에 이르면 소나무를 주로 하는 침엽수림이 우세하였다. 그런데 1250미터부터는 이제까지 우세하던 솔숲이 돌연 사라지고 개미목이라고 부르는 편평한 초원이 전개된다. 개미목을 지나 1550미터 지점에 이르면 다시 구상나무가 주 수종인 침엽수림이 나타나 백록담 속까지 이어진다. 따라서 한라산 북측에서는 활엽수림대와 침엽수림대만을 확연히 구별할 수 있을 뿐 위의 그림에 있는 고산식물대란 아예 존재하지 않는 것이다.

한라산 식물 수직분포도는 잘못되었다

그런데 내가 기이하게 생각한 것은 침엽수림대 사이에 개미목이라는 초원이 존재하는 점이었다. 다른 나라의 사례를 검토할 때 식물의 수직분포에서 침엽수림대의 중간에 끼어서 초원이 나타나는 것은 결코 정상적인 상태가 아니기 때문이다. 나는 필경 믿기 원인이 있을 것으로 짐작하였다.

● 편평한 초원이 펼쳐진
한라산 개미목.

　나는 이것이 남벌이나 화재 또는 과도한 방목 때문이 아닌가 의심
하였다. 그래서 몇 군데를 조사하였는데 나무 그루터기나 타다 남은
나무의 흔적 혹은 숯 같은 것은 찾아볼 수 없었다. 또 가축의 배설물
을 발견하긴 했지만 그리 흔하지 않아 그 또한 직접적인 원인은 아니
라고 단정하였다.

　그러면 개미목 초원은 어떤 원인으로 만들어진 것일까? 다음으로
나는 토양을 조사했는데 새까만 화산재가 30센티미터나 쌓여 있고,
그 밑에 진흙(점토)이 두꺼운 층으로 나타났다. 이 점토층이 다져져서
물을 투과시키지 못하는 불투수층을 이루고 있었던 것이다. 결국 이
지역 일대는 토양에 수분 함량이 높아서 그것을 견뎌낼 수 있는 식물
들만 살 수 있었다. 개미목에 큰 나무가 없는 이유는 지하수면(땅속의
대수층 표면)이 높아서 나무가 땅속으로 뿌리를 내릴 수 없었기 때문이
었다.

　이제 한라산 남측, 서귀포에 면한 쪽을 살펴보자. 한라산 남측은 해
변에서부터 해발 600미터까지 방목지가 전개되고, 그 위부터는 잡목
과 상록수가 한데 섞여서 750미터까지 잡목림이 우거져 있다. 그 위

● 관목대에서 자라는 시로미. 시로미는 가을
에 검은색 열매를 맺는다.

에는 졸참나무를 주로 하는 활엽수림이 계속되다가 해발 1300미터
지점부터 1400미터 사이에는 소나무가 많이 나타난다.

해발 1400미터 지점에서 정상까지는 진달래를 위주로 하는 관목림
대가 나타나는데, 여기에서 기이했던 것은 산 정상의 암벽 바로 밑(해
발 1930미터 지점)까지 계곡을 따라서 구상나무, 자작나무 등이 관찰
되었다는 점이다. 따라서 정상까지 전개되는 진달래, 시로미 등의 관
목대는 기후 조건 때문에 형성된 게 아니라 토양의 수분 결핍이라는
이차적인 원인에서 기인한다는 것을 알 수 있다.

사실 한라산 남측 정상 부근은 대부분 바위와 돌로 덮여 있고 경사
가 급하여 많은 비가 내리더라도 급속히 유실되기 때문에 언제나 메
마르다. 따라서 한라산 남측에도 고산식물대는 아예 없고, 관목대도
수분이 결핍된 척박한 토양 조건 때문에 만들어진 것이다. 만약 토양
의 수분 조건만 양호하다면 정상까지 침엽수림대로 변할 수 있기 때
문에 기후 조건으로 인해 결정되는 식물분포는 활엽수림대와 침엽수
림대만을 인정할 수 있다.

한라산에 고산식물대가 나타나려면 한라산이 50미터 이상 더 높아

야 한다. 왜냐하면 고도가 100미터 올라갈 적마다 기온이 섭씨 0.5도씩 내려가므로 2000미터 이상 높아야만 연평균기온이 섭씨 영하 10도로 내려가 고산식물대의 출현이 가능하기 때문이다.

그러므로 현재 중학교 교과서에 실린 한라산의 식물 수직분포도는 잘못된 것이다. 또 한라산의 식물 수직분포가 단순히 기후 조건에 따라 결정된다고 가정하는 것도 옳지 않다. 이런 사실은 비단 나뿐만 아니라 지난 반세기 동안 전문 연구자들이 여러 차례 제기했는데도 불구하고 우리나라 식물학계는 아직도 이런 사실을 받아들이지 못하고 있다. 안타까운 일이 아닐 수 없다.

지구온난화에 대한 이견

환경위기설이 지나치게 강조되고 있다

나처럼 오랜 세월을 살다 보면 세상의 흐름에 어떤 패턴이 있다는 생각을 이따금 하게 되는데 '인간은 망각의 동물'이라는 말이 그리 틀리지 않는지 잊혀질 만하면 다시 제기되곤 하는 문제들이 있다. 아마도 그런 대표적인 사안의 하나가 환경위기설일 것이다.

지난 20세기 동안에는 인류의 종말을 예고하는 각종 위기설이 적지 않았는데 인구위기설, 핵전쟁 파멸설, 자원위기설 등 우리가 비교적 많이 접했던 위기설부터 미소간 핵전쟁이 장기간의 기온 저하를 가져와 지구 생태계가 멸망할 것이라는 핵겨울설, 오염되고 파괴된 환경이 급기야 인류에게 재앙을 가할 것이라는 환경재앙설, 외계로부터 날아오는 혜성이나 유성에 의해 인류가 멸망할 것이라는 행성파괴설, 에이즈 · 에볼라 · 광우병 · 조류독감 등 신종 전염병이 만연해서 인류를 위협할 것이라는 병원균위기설 등 그 목록은 끝이 없는 것처럼 보인다.

그런데 이런 각종 위기설의 내용을 잘 살펴보면 결국은 모두 지구 환경에 심각한 훼손을 초래하거나 그런 환경파괴로 인해서 인류에게 이차적인 위해가 가해지는 것이 위기의 본질이라는 것을 알 수 있다. 요컨대 모든 위기설의 근본은 환경위기설이다. 바로 이런 관점에서 21세기는 반드시 '환경의 세기'가 되어야만 하겠다. 환경보전만이 인류의 미래를 불행한 파국에서 구할 수 있기 때문이다.

하지만 모든 것이 지나치면 역시 모자람만 못하다고 했던가. 최근 들어서 우리 사회에서는 환경문제와 환경보전의 중요성이 지나치게 강조된 나머지 이해하기 어려운 일들이 종종 벌어지고 있는데, 앞에서 살펴보았던 것처럼 지리산 국립공원에 반달곰을 살게 해야 한다는 주장이나 산성비에 대한 우려가 지나쳐서 마치 우리나라 산림이 커다란 위협에 처해 있는 것처럼 주장하는 것 등이 그런 예이다.

그러면 앞에서 열거했던 위기설들은 세월이 한참 지난 요즈음에는 어떤 상황에 놓여 있을까? 인구폭발을 강조했던 인구위기설은 출생률의 과도한 저하로 오히려 위기를 맞고 있고, 핵전쟁설이나 핵겨울설은 소련이 멸망하면서 이미 용도 폐기된 지 오래이며, 자원위기설이나 병원균위기설 등도 역시 그 실체가 크게 과장되었다는 것이 최근의 평가이다. 이런 관점에서 볼 때 환경문제를 지나치게 강조하는 최근의 세태 역시 냉철한 반성이 있어야만 할 것이다. 이제 우리가 잘못 이해하고 있는 환경위기설의 가장 대표적인 예로 최근 논란이 되고 있는 이산화탄소 방출에 따르는 지구온난화 문제에 대해서 잠시 살펴보기로 하자.

지구온난화의 근거는 얼마나 과학적인가?

"석유, 석탄, 가스 등 인류가 사용하는 화석연료 때문에 이산화탄소가 대기 중에 방출되고 있으며 그것이 온실효과를 일으켜서 매년 지구의 평균기온이 높아지고 있다. 만약 지금 같은 추세로 화석연료 사용이 계속된다면 이산화탄소를 비롯한 각종 온실가스 농도가 크게 높아져서 2100년 지구의 평균기온은 1990년에 비해 섭씨 1.5~5.8도 상승할 것이다. 이런 규모의 기온 상승은 식량생산 저해, 해수면 상승, 태풍과 폭우 등 재해 빈도 증가, 각종 전염병의 만연 등으로 인류의 미래를 심각하게 위협할 것이다. 이런 사태를 미연에 방지하기 위해서 전 세계적으로 이산화탄소를 비롯한 온실가스들을 줄이기 위한 비상한 노력이 필요하다. 1992년 리우 정상회담은 온실가스 감소를 위한 국제협력의 필요성을 강조하여 기후변화협약을 체결하였고 이 협약 가입국으로서 우리나라도 온실가스 감소를 위해 노력하고 있다."

이상은 누구나 다 알고 있는 지구온난화 문제의 현실을 정리한 것이다. 우리나라 초등학교와 중ㆍ고등학교에서 가르치는 내용도 대체로 이런 범주를 벗어나지 않으며, 대학의 관련 학과에서 연구되거나 언론에 보도되는 내용들도 거의 마찬가지라고 할 수 있다. 그렇다면 이런 설명이 과학적으로 과연 합당한 것일까?

먼저 지구온난화 원인으로 제기되는 온실효과에 대해서 살펴보기로 하자. 이산화탄소는 본래 공기의 한 성분으로 생물 호흡과 화석연료와 같은 유기물 연소를 통하여 발생하며 보통 공기 중에는 0.03퍼센트 가량 들어 있다(최근의 이산화탄소 평균 농도는 370ppm으로 산업혁명 초창기인 1870년의 270ppm에 비해서 약 30퍼센트가 증가하였다). 태양

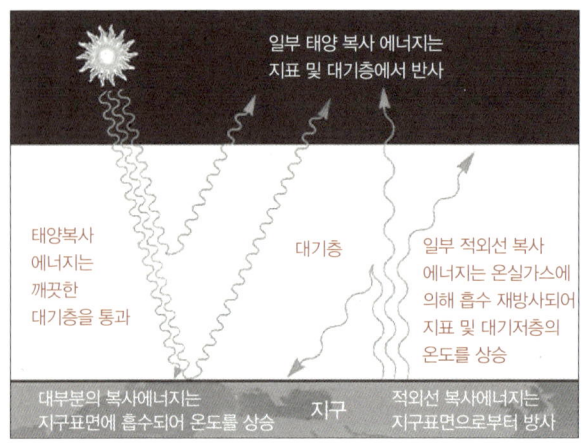

일부 태양 복사 에너지는
지표 및 대기층에서 반사

태양복사
에너지는
깨끗한
대기층을 통과

대기층

일부 적외선 복사
에너지는 온실가스에
의해 흡수 재방사되어
지표 및 대기저층의
온도를 상승

대부분의 복사에너지는
지구표면에 흡수되어 온도를 상승

지구

적외선 복사에너지는
지구표면으로부터 방사

지구온난화를 설명하는 대표적인 그림

광선이 지구 대기권을 통과하여 지표면을 데우면 따스하게 가열된 지구는 다시 긴 파장의 열선을 방출한다. 그런데 대기 중에 존재하는 이산화탄소와 수증기가 그런 복사광선의 대부분을 흡수하여 지구 대기권의 온도는 우주 공간보다 훨씬 높게 유지된다. 이런 현상은 마치 온실의 유리창이 태양광선을 온실 안으로 투입되는 것을 허용하는 한편 온실 내부에서 방출되는 적외선(열선)도 흡수하여 온실 온도를 높여주는 현상과 유사하다. 그래서 온실효과(greenhouse effect)라는 말이 생겼는데 만약 이와 같은 온실효과가 없으면 지표면의 평균기온은 현재와 같은 섭씨 15.5도가 아니라 섭씨 영하 23도에 머물렀을 것이다.

그런데 이처럼 인과관계가 뚜렷해 보이는 온실효과에 대해서 최근에는 다른 의견들이 쏟아져 나오고 있다. 가장 대표적인 예로 온실효과를 일으키는 기체 중에서 이산화탄소 중요성이 크게 과장되었으며 사실은 수증기가 훨씬 더 탁월한 온실효과를 낸다는 주장이다.

대기 중 수증기의 온실효과 기여도는 이산화탄소에 비해 3배 정도 크다고 알려졌다. 이 밖에 대기오염을 가중시키는 오존이나 질소산화물 등도 실제로는 온실효과를 내고, 메탄가스를 비롯한 다른 온실가스들도 존재하기 때문에 이산화탄소의 증가로 인해서 유발되는 온실효과 기여도는 전체 온실효과의 약 20퍼센트에 불과하다는 것이 최근의 연구 결과이다.

그렇다면 산업혁명 이후 대기권의 이산화탄소 농도 증가분은 100ppm으로 과거 270ppm을 기준으로 할 때 약 30퍼센트 정도 더 증가하였으니 결국 화석연료 사용에서 기인하는 지구온난화 유발 효과는 20퍼센트 곱하기 30퍼센트로 전체의 약 6퍼센트($0.2 \times 0.3 = 0.06$)에 불과하게 된다. 이산화탄소 증가 때문에 온실효과가 커지고 그 결과 지구온난화가 유발된다는 주장은 사실상 이처럼 대단히 허약한 논리라고 하겠다.

그런데 이산화탄소의 지구온난화 유발 효과는 다시 한번 도전을 받고 있다. 대기 중에 존재하는 이산화탄소는 그대로 있는 것이 아니라 광합성을 하는 식물들에 흡수되어 식물의 몸체를 만들고, 또 바닷물에 녹아들어서 산호의 몸체로 되어 바닥에 가라앉는다. 그렇게 만들어진 생물의 몸은 나중에 화석연료로 바뀌고 연소될 때 다시 이산화탄소로 변해 대기 중으로 되돌아간다. 최근 이런 이산화탄소의 거대 순환과정을 추적하는 중에 과학자들은 엄청난 양의 이산화탄소가 대기 중에서 그냥 사라져버리는 현상을 발견했는데, 그것이 바닷물에 녹아들었는지 또는 북극 툰드라지대 습지에 묻혀버렸는지 진혀 감을 못 잡고 있다. 그렇다면 근래에 이산화탄소 농도가 높아졌다고 해서

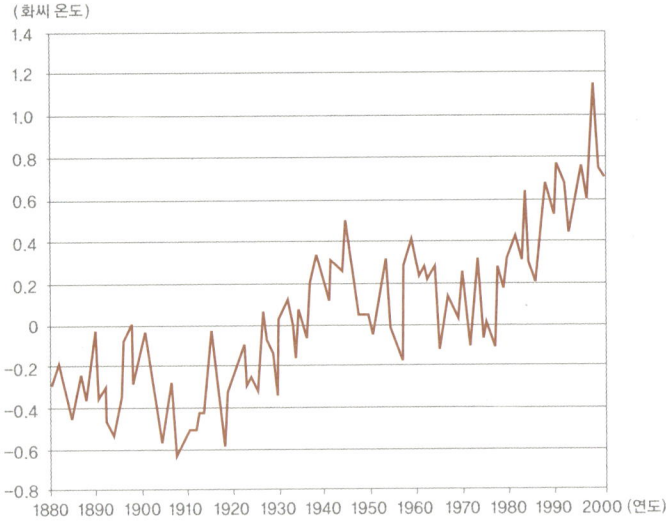

(화씨 온도)

그것이 반드시 화석연료 사용에서 기인한 것이라고 확신할 수 없는 것이 아닌가?

지표면의 평균기온이 지난 수십 년 동안 조금 상승했다고 해서 그것이 과연 이산화탄소 증가로 인한 지구온난화 영향인지, 아니면 보다 장기간에 걸친 기후변동 과정에서 나타나는 자연스러운 현상인지에 대해서도 논란이 그치지 않고 있다.

사람들이 지구온난화에 대해서 우려하는 가장 큰 이유는 위 그래프에서처럼 산업혁명 이후 대기 중의 이산화탄소 농도 증가에 발맞추어 지표면의 평균기온이 점차 증가하기 때문이다. 그런데 지구온난화 문제가 본격적으로 제기된 것은 1980년대 후반부터였는데, 사실 1940년대부터 1970년대까지는 평균기온이 오히려 내려갔다. 또 그래프를 자세히 살펴보면 1910년 즈음해서 10여 년 동안 역시 평균기온이 낮았다는 것을 알 수 있다.

그러면 지난 100년 동안 이산화탄소 농도가 지속적으로 증가했음에도 왜 평균기온이 때로는 상승하고 하강한 것일까? 이런 의문에 따라 당연히 지난 100년 동안뿐만 아니라 보다 장기간에 걸친 지구 기후변화 양상을 조사하였고, 실제로 최근의 연구들은 지난 1만 년 동안 기후가 매우 높은 기온과 매우 낮은 기온 사이가 번갈아 나타났다는 것을 명확히 보여주었다.

남극과 북극의 빙하 연구에도 역시 마찬가지 결과를 얻었는데 빙하는 과거 1만 년 동안뿐만 아니라 지난 20년 동안에도 때로는 그 크기가 커졌다가 작아졌다가 하는 변화의 패턴을 반복하고 있음이 밝혀졌다. 우리가 요즘음 흔히 접하는 극지방의 빙하가 녹고 있다는 언론 보도는 전적으로 잘못된 것이다.

그러면 앞으로 지구 기후는 과연 어떻게 변할까? 언론 보도에 따르면 화석연료 사용이 현재와 같은 추세로 진행될 때 금세기 안에 지구의 평균기온이 몇 도나 더 높아지고 이에 따라 태풍, 허리케인, 해일 등 자연재해도 매우 증가할 것이라고 한다. 하지만 이런 뉴스들 역시 최근의 과학적 연구 결과를 제대로 반영하지 못한 것이다.

이제까지 살펴본 것처럼 화석연료 사용에 따른 이산화탄소 방출이 지구온난화를 부추긴다는 주장은 비록 과학계에 널리 통용되고 있지만 그것이 대다수 과학자가 동의하는 주류 입장이라고 말하기는 어렵다. 특히 앞으로의 기후예측에 대해서는 과학자들 견해가 크게 엇갈리는데, 이는 기후라는 것 자체가 아직은 예측이 어렵고 더욱이 현

● 지구온난화가 인류의 화석연료 사용으로 급증한다는 주장은 절반 정도만 맞는 논리이다.

재 사용하는 기후예측용 컴퓨터 모델이라는 것이 허점투성이이기 때문이다. 바로 이런 점 때문에 직접 모델을 사용해서 미래 기후를 예측하는 컴퓨터 과학자들조차도 자신들의 연구 결과를 아주 조심스럽게 받아들일 것을 권고하고 있다. 언론은 이런 점을 무시하고 컴퓨터 모델링 결과가 마치 보증수표나 되는 것처럼 마구잡이로 보도하는 형편이다.

이제 다시 한번 요약해보자. 인류의 화석연료 사용으로 대기 중의 이산화탄소 농도가 급증하고 이에 따라 지구온난화가 가속된다는 주장은 기껏해야 절반 정도만 맞는 논리라고 할 수 있다. 현대과학도 아직까지 기후에 대해서는 아주 모르는 부분이 아주 많다. 따라서 설령 초대형 슈퍼컴퓨터를 사용한다고 해도 앞으로 기후에 대해서는 예측하기 어려운 노릇이다. 비근한 예로, 현대과학은 앞으로 1개월 후에 닥칠 기상변화에 대해서도 제대로 된 예측을 내놓지 못하고 있지 않은가?

과거 1만 년 동안의 기후를 돌아본다

이처럼 지구온난화가 지나치게 과장되었다는 최근의 연구 결과들은 나의 평소 지론과도 거의 일치한다고 할 수 있는데, 나는 식물생태학자로서 과거 기후에 대해 살펴보는 과정에서 일찍부터 그런 생각을 하게 되었다.

이제 지구 기후가 그동안 어떻게 변화해왔는지를 살펴보기로 하자. 지금으로부터 약 1만 년 전 마지막 빙하기가 끝나고 난 후부터 세계 기후는 점차 따뜻해지기 시작했다. 소위 간빙기에 접어들었기 때문인데 그렇다고 해도 이 1만 년 동안 기온이 계속해서 상승만 한 것은 아니었으며 때로는 심각한 추위가 닥치기도 하였다. 소위 소빙하기라고 부르는 것이 그것인데 그 첫 번째는 지금으로부터 약 8000~9000년 전에 일어나 수백 년 동안 계속되었으며 아마도 마지막 빙하기의 여운이었던 것으로 생각된다.

두 번째 소빙하기는 지금으로부터 약 5000년 전에 나타났다. 이 추위의 전후에 해당하는 기원전 5000년경과 기원전 1500년경에는 기온이 현저히 높아져서 초기 인류가 생활하기에 적합하였다. 이처럼 최적기후가 나타난 시대에는 북반구 중위도 지방의 평균기온이 현재보다 섭씨 2.5도나 높았다. 그래서 극지방의 얼음이 대부분 녹아서 그로 인해 해수면이 상승했고, 그 결과 바다가 지금보다 훨씬 더 내륙 쪽으로 올라와 있었다. 노아의 홍수가 이 시기에 발생했다는 것도 흥미 있는 일이다.

세 번째 소빙하기는 기원전 1000년경에 시작하여 기원후 13세기까지 이어졌는데 이때 다시 빙하가 발달하였다. 어떤 학자들은 이 시기

3장 생태계, 돌고 또 도는 진실 **183**

를 가리켜서 신빙하시대(Neo-glaciation)라고 부르기도 한다.

네 번째 소빙하기는 서기 1550년부터 1900년까지의 기간으로 상당히 오래 계속되었다. 이 기간의 사회현상은 역사책에 자세히 기록되어 있는데, 혹독한 추위 때문에 전 세계적으로 농업생산이 부진해지면서 국가 간 전쟁이 빈발했고 그 결과 인류는 기아와 질병에 시달려야만 했다.

이런 시간대에서 살펴보면, 20세기는 지난 1만 년 동안 지속되고 있는 간빙기에 해당하며, 또한 네 번째 소빙하기 이후에 맞게 되는 소간빙기이기도 하다. 그렇다면 20세기 들어서 지구의 평균기온이 높아지는 것은 오히려 당연한 현상이 아닐까? 앞에 실린 그래프는 이런 나의 생각을 지지하고 있는 것처럼 보인다.

그러면 장기간에 걸쳐서 그렇게 빙하기와 간빙기, 소빙하기와 소간빙기가 교대로 나타나는 것은 도대체 무슨 이유 때문일까? 이런 질문에 대해서 아직은 충분한 과학적 설명이 나오지 않았지만 과학자들은 최근 태양의 역할에 점점 더 주목하고 있다. 만약 태양의 밝기가 주기적으로 변한다면 지구는 그 영향을 직접 받게 되어 빙하기와 간빙기가 교대로 나타날 가능성이 크다. 그러면 태양의 밝기는 어떻게 변할까?

우리 상식과 달리 지구는 태양 주위를 항상 궤도와 일정한 속도로 도는 것이 아니라 가볍게 요동치면서 돈다. 이런 요동은 수천 년을 주기로 반복되는데 그 과정에서 지축 위치가 변하고 지표면에 닿는 태양빛 양도 달라진다. 이런 태양과 지구의 관계가 빙하시대와 간빙기의 규칙적인 반복을 유발시킨다는 것이 최근의 과학적 설명이다.

그런가 하면 태양은 흑점이 커지고 작아짐에 따라서 그 밝기가 달라지는데 흑점의 반복 주기는 대략 9년 또는 15년이다. 흑점이 작아지거나 아예 사라질 때 태양의 밝기가 가장 낮아지고 흑점이 커지면 태양 밝기도 증가한다. 그런 예로 1640년에서 1720년 사이 태양의 흑점이 완전히 사라진 해에는 전 세계가 추위에 떨어야만 했다.

이처럼 태양이 지구 기온에 미치는 영향이 밝혀지면서 이산화탄소 증가로 인한 지구온난화 가속화 이론은 다시 한번 타격을 받고 있다. 한편 장기적인 기후변화에서 요즈음은 간빙기에 해당하여 당분간은 이런 지구온난화가 지속될 것이라는 내 주장에 점점 더 힘이 실리고 있다.

지구온난화가 해롭기만 한 것은 아니다

언론이 보도하는 지구온난화의 영향은 농업생산의 저하에서부터 이상재해의 빈발에 이르기까지 무시무시하다. 지구온난화와 그로 인한 기후변화가 그렇게 나쁜 영향만을 미치는 것일까? 지구온난화가 농업생산성을 떨어뜨릴 것이라는 주장은, 대기 중의 이산화탄소 농도가 지금의 2배에 이를 경우 평균기온이 섭씨 4.0~5.2도 더 높아져 강수량이 지금보다 조금 더 많아질 것을 가정해서 내린 결론이다. 이런 가정에 더해서 만약 농부들이 현재와 같은 영농방식으로 같은 종자의 농작물을 심는다면 전 세계 곡물생산량은 대략 11~20퍼센트 감소될 것이라고 한다.

여기에서 우리는 '만약 이러이러하다면…'이라는 가정이 여러 번 사용되었음을 알 수 있다. 그만큼 농업생산성 예측에 대한 신빙성이 떨어지는 것은 당연한 일이겠다. 그런데 대부분의 농작물은 대기 중의 이산화탄소 농도가 높아지면 성장률이 훨씬 높아진다. 이것이 소위 이산화탄소의 '비료효과'인데 이산화탄소 농도가 두 배로 높아질 때 농업생산성은 대체로 20~30퍼센트 증가하는 것으로 조사되었다.

기후가 달라지면 농부들은 예전과 똑같은 종자를 사용해 똑같은 방식으로 농사를 짓지 않는다. 최근 우리나라 기후가 점점 더 따뜻해지자 사과·배 등의 과일류와 감자·고구마·양파 등 채소류의 생산지가 점차 북쪽으로 확대되고 있는데, 이처럼 농부들은 종자의 품종을 바꾸고 파종 시기를 앞당기고 또 관개시설을 확장하는 등 기후변화에 대응한다. 앞의 비관주의자들은 이런 점을 전혀 고려하지 않은 것이다.

여기에서 그치는 것이 아니다. 기후가 따뜻해지면 그런 따뜻한 기후에 적합한 신품종이 새로 만들어지기 마련이다. 또 우리나라에서는 남부지방에서만 가능했던 이모작 농업이 중부지방에까지 확대될 수 있겠다. 이런 모든 가능성을 다 고려한다면 지구온난화로 농업생산성이 감소할 것이라는 애초 전망과 달리 농업은 오히려 혜택을 입게 되리라는 것이 내 생각이다.

지구온난화가 해수면 상승을 초래해 남태평양 일부 도서국가들이 물에 잠기고 전 세계적으로 해안에 면한 많은 도시가 침수될 것이라는 전망은 지구온난화가 초래하는 가장 무서운 비극이라고 할 수 있다. 하지만 이런 예측이 과학적인 근거를 갖지 못하는 것은 앞에서 예를 든 농업과 마찬가지라고 할 수 있다.

지구의 평균기온은 지난 한 세기 동안 꾸준히 증가했는데 해수면은

● 지구온난화로 해수면이 상승하는 것은 극지방의 빙하가 녹아서라기보다 바닷물의 부피 팽창에 원인이 있다.

과연 얼마나 상승했을까? 이제까지의 연구에 따르면 대략 10~25센티미터 정도 상승했을 것이라고 한다. 그런데 해수면 상승을 정확하게 하나의 수치로 표현하지 못하고 이처럼 두루뭉술하게 적은 이유는 무엇일까? 그 이유는 지구의 어느 지역에서는 그동안 해수면 상승이 분명히 관찰되었지만 또 다른 지역에서는 오히려 해수면이 하강하기도 했기 때문이다. 이처럼 지역에 따른 해수면 상승 기록이 다르기 때문에 그런 자료들을 어떻게 정리하느냐에 따라 그 값이 그게 달라지는 것이다.

그런데 여기 한 가지 다른 사실이 있다. 지난 100년 동안 해수면이 상승한 이유는 극지방의 빙하가 녹아서라기보다 바닷물의 수온 증가로 인해 부피가 커졌기 때문이라는 것이다. 이제까지 기록된 수위상승 원인의 4분의 1은 그동안 빙하가 녹은 데에서 기인하지만 나머지 4분의 3은 바닷물의 부피 팽창으로 인한 것으로 추정되고 있다.

이런 점을 감안할 때 금세기 말까지 대략 50센티미터의 해수면 상승이 있을 것이라는 예측은 신빙성이 그게 떨어진다. 너욱이 앞에서 살펴본 것처럼 극지방 빙하들은 지구온난화와 거의 상관없이 커졌다

작아졌다를 반복하고 있지 않은가?

여기에 더해서 최근에는 남태평양 산호초들이 해수면이 상승하면 거기에 맞추어서 더 높게 자란다는 보고도 있다. 이는 산호의 입장에서 생각해본다면 당연한 일이라고 할 수 있는데 수면과 거리를 고려해서 위치해야만 먹이 섭취가 용이한 산호들이 해수면 상승을 방관하고 있을 리 만무하기 때문이다. 남태평양에 위치하는 도서국가들은 사실상 산호초로 둘러싸여 있다고 할 수 있는데, 그런 자연적인 방패막이 해수면 상승에 따라 역시 높아지는 것이다. 그렇다면 이제 해수면 상승으로 남태평양 도서국가들이 바닷물에 잠길 것이라는 주장 역시 거둘 때가 되었다고 하겠다.

지구온난화가 이상기후를 더 빈번하게 발생시킬 것이라는 주장에 대해서 살펴보자. 지구온난화가 엘니뇨나 허리케인 같은 이상기후를 초래할 것이라는 주장은 이런 기상재해들의 발생 원인이 아직은 제대로 밝혀지지 않았다는 점에서 그 신빙성이 반감되고 있다. 더욱이 과거 역사를 조사해보면 산업혁명이 일어나기 전인 1880년 이전에 엘니뇨가 요즈음처럼 심각했고, 또 지금으로부터 5000~8000년 전인 충적세(지질시대의 최후 시대) 초기에는 기후가 지금보다 몇 도나 더 따뜻했지만 엘니뇨 활동이 거의 없었다는 고고학적 증거들이 잇달아 발견되었다.

그런가 하면 남태평양에 부는 사이클론이나 대서양에 밀어닥치는 허리케인의 빈도와 강도가 최근 들어서 더 심각해졌다는 과학적 연구 결과도 찾아보기 힘들다. 다만 이런 자연재해들로 인한 피해액은 최근에 크게 증가했는데, 그 이유는 재해의 강도가 세져서가 아니라 사람들의 경제 사정이 점점 나아지면서 해변에 도시와 마을을 많이 건설했기 때문이다.

그러면 결국 무엇이 잘못된 것일까? 우리가 지구온난화에 대해서 언론이 전하는 일방적인 얘기만 듣는 것이 문제라고 하겠다. 그리고 오랜 세월 기후와 생태계 변화를 지켜본 과학자 한 사람으로서 감히 말하건대, 나는 인류가 지구온난화의 가능성을 회피하기는 어렵지만 그로 인해서 초래되는 제반 상황에 대해서는 적절히 대처할 것으로 믿어 의심치 않는다. 그러므로 미래에 대해서 지나치게 우려하는 것은 그리 적절치 못한 일이다.

4장

지나간 것들에게

말을 걸다

토양 속에 감춰진 생명의 신비

지구의 3권역

세상을 구분하는 방법에는 여러 가지가 있다. 나라와 나라로 구별할 수도 있고, 도시와 농촌으로 구별할 수도 있다. 육지와 바다로, 생명의 세계와 무생명의 세계로 나누는 것도 가능하다. 하지만 과학자들이 가장 애용하는 방법이라고 한다면 지구를 생물권, 대기권, 수권, 암권 네 가지로 구분하는 것이 아닐까?

먼 외계에서 바라보는 지구의 모습은 매우 경이롭다. 전체적으로 우주선 지구호는 푸른색 바다에 황갈색 육지가 떠 있고, 그 위에 하늘색 구름이 물 위에 뜬 기름처럼 걸려 있다. 이처럼 지구를 대표하는 세 가지 색깔은 각각 바다(수권, hydrosphere), 육지(암권, lithosphere), 공기(대기권, atmosphere)를 나타낸다. 과학자들은 이 세 환경권과 그 속에서 생활하는 인간을 비롯한 뭇 생물들(생물권, biosphere)을 지구의 4권역이라고 지칭한다.

그러면 수권, 암권, 대기권의 세 권역 중에서 우리에게 가장 친숙한 권역은 어디일까?

아니, 가장 낯선 권역을 찾는 것이 오히려 쉽겠는데 그것은 두말할 필요 없이 암권이다. 수권은 누구나 다 잘 아는 바다와 강과 호수를 의미하는데, 인간은 물 없이 하루도 살 수 없으니 여간 고맙고 중요한 것이 아니다. 또 대기는 비록 그 실체를 눈으로 보거나 직접 만질 수는 없지만 도심의 혼탁한 공기 속이나 악취 풍기는 곳을 지나치노라면 새삼 그 존재를 깨닫게 된다. 여기에 비해서 암권은 우리가 발 딛고 사는 대상이면서 우리 먹을거리가 생산되는 장소이지만 일반인들에게는 거의 잊힌 존재라고 해도 과언이 아닐 만큼 간과되고 있다.

하지만 실상을 살펴본다면 암권이야말로 우리에게 더없이 귀중한 존재이다. 이제 암권, 즉 토양 속에 숨어 있는 비밀을 한 가지씩 벗겨 보기로 하자.

산림토양은 생명공학의 보물창고

토양은 종류가 무수히 많다. 우리에게 친근한 순서로 꼽아보면 먼저 황토를 들 수 있겠고, 이어서 진흙, 점토, 모래, 자갈, 부식토, 논토양, 밭토양… 이런 식으로 나열하지 않을까?

그런데 진흙은 황토나 점토가 물에 젖어서 축축해진 것이니 진정한 토양이라고 할 수 없고, 우리가 흔히 말하는 황토는 그 색깔이 누렇다는 의미에서지 어떤 특별한 기원을 따져서 말하는 것이 아니다. 원래 토양학에서 의미하는 황토는 중국이 황허강 유 역에서 발달한 토양인데 편서풍을 타고 서쪽의 사막에서 날려온 먼지가 퇴적된 것이다. 그

먼지가 바람을 타고 우리나라에까지 날려와 충청도와 전라도 서해안에 황토층을 이루었다는 것이 일부 학자들의 주장이지만 우리나라에서 자생적으로 만들어졌다는 견해도 있는 만큼 아직은 어느 한쪽이 옳다고 말하기 어렵다.

그런 황토가 최근에는 건강과 미용에 좋다느니 해서 건축자재나 침실용품, 심지어 화장품과 의복, 정수기에까지 사용되고 있다. 그러나 생태학자들 입장에서 본다면 가장 귀중한 토양은 아무래도 산림토양이다.

그러면 왜 산림토양이 중요한 것일까? 한번 생각해보자. 모든 생물은, 식물이든 동물이든 사람이든 그 어떤 존재를 막론하고 언젠가는 죽는다. 그 사체를 분해해서 다른 생물들의 먹을거리로 만들어 지상에서 사라지게 하는 중요한 작용을 하는 존재가 있으니 그것이 바로 토양미생물들이다. 따라서 만약 산림토양과 그 속에 서식하는 미생물이 없다면 생물 유체들은 분해 자체가 불가능해져서 과거에 죽었던 모든 생물의 사체가 그대로 지상에 남게 될 것이다. 그런 끔찍한 세상을 과연 상상이나 할 수 있을까? 암권이 수권이나 대기권에 못지않게 중요한 이유가 바로 여기에 있다.

하기야 죽은 생물체를 처리하는 이런 귀중한 기능도 미생물들의 입장에서 본다면 자신들의 먹이를 얻는 방법에 불과하다. 미생물들은 오랜 진화과정을 거치면서 자신들의 먹이 확보 수단을 다양하게 발전시켰다. 지구는 지금으로부터 약 40억 년 전에 탄생했고 그 후 5억 년도 지나지 않아 최초의 생물체가 지상에 출현했다는 것이 현대 과학계의 일치된 견해이다.

● 우주선 지구호는 푸른색 바다에 황갈색 육지가 떠 있고,
그 위에 하늘색 구름이 물 위에 뜬 기름처럼 걸려 있다.

　최초 생물이 탄생한 이후 20억 년 동안 지구는 그야말로 박테리아
를 비롯한 원시미생물들만의 세상이었다. 원핵생물로 불리는 박테리
아가 세포핵을 갖는 진핵생물로 진화하고 그런 생물체들이 연합해서
다세포생물로, 그리고 다시 동물과 식물로 진화의 길을 걷게 된 것은
최근 10억 년이 약간 넘는 기간에 발생한 일이다.

　미생물의 역사가 그처럼 장구했기 때문에 그보다 훨씬 늦게 출현한
다른 생물군(동물군이나 식물군)에 비교해서 훨씬 더 다양한 물질내사
기능을 가질 수 있었다는 것은 어쩌면 당연한 일이다. 원시박테리아
들은 처음에는 지상에 널려 있던 원시유기물들을 섭취해 생활했지만
이내 먹이원이 바닥을 드러내자 새로운 먹잇감을 찾아야 했다.

　그래서 처음에는 다른 박테리아들의 사체를 분해해서 영양분을 흡
수하는 방법을 찾아냈고 다음으로 살아 있는 박테리아들을 공격해 먹
이로 취하는 능력을 발전시켰다. 하지만 박테리아들의 수효가 점점
많아지면서 그런 먹잇감도 부족해지자 새로운 에너지원을 찾아나섰
다. 어떤 박테리아들은 스스로 광합성 하는 능력을 익혔고 또 어떤 박
테리아들은 깊은 바닷속이나 화산에서 방출되는 황화물을 산화해 에

너지 얻는 방법을 터득하였다. 연못이나 강바닥에서 살던 박테리아들은 산소가 부족한 상황에서 산소의 공급 없이도 먹이를 분해할 수 있는 소위 혐기성 호흡을 발전시켰고, 또 어떤 박테리아들은 활동을 중단한 채 수십 년씩 은둔하면서 새로운 먹잇감이 생겨날 때를 기다리기도 하였다.

이처럼 미생물들은 생존에 필요한 갖가지 생활방식을 찾아냈는데, 그 결과 오늘날 우리는 그런 미생물들의 도움을 직·간접적으로 받고 있다. 요즈음 크게 각광받는 생명공학기술은 바로 이런 미생물들의 다양한 능력을 최대한 이용하고자 개발된 기술인데 항생제 개발, 발효식품과 술의 제조, 쓰레기 처리 등을 비롯해 심지어 광물 추출, 지뢰 제거, 오염된 토양 정화에도 미생물을 활용하고 있다.

생명공학자들이 특정한 물질의 생산이나 새로운 공정의 개발을 위해 미생물종을 찾고자 할 때 가장 먼저 뒤지는 곳이 있다. 온갖 종류의 미생물들이 가장 풍부하게 집적되는 곳, 바로 산림토양이다. 낙엽이 듬뿍 쌓인 숲 속의 가장 밑 부분, 그곳의 축축하고 시커먼 흙 한 스푼 속에는 2억 마리나 되는 온갖 종류의 미생물들이 각기 독특한 물질대사 기능을 발휘하면서 살고 있다. 생명공학자 입장에서 본다면 산림토양이야말로 유용한 미생물들의 보물창고인 셈이다.

🖉 미생물의 세계를 탐구하는 방법

토양 속, 특히 산림토양 속에 그처럼 귀중한 기능을 담당하는 미생물들이 얼마나 많이 서식하는지를 밝히는 것은 과학계의 숙원이다. 오늘날과 같이 과학이 발달한 세상에 왜 그런 단순한 문제를 해결하지 못하는 것일까?

인류는 파스퇴르(Louis Pasteur)가 자연발생설을 부정하기 전까지 미생물의 존재를 믿지 못했다. 불과 100여 년 전까지만 해도 인류는 미생물에 그토록 무지했다. 그러나 토양 1그램 속에 얼마나 많은 미생물들이 존재하는지를 제대로 이해하기까지는 그로부터 한 세기의 세월이 더 걸렸다.

흔히 박테리아로 대표되는 미생물은 사실 현미경으로도 관찰이 어려울 만큼 아주 작다. 박테리아는 크기가 1센티미터의 2000분의 1에서 1만분의 1 정도라고 한다. 종류가 다양한 만큼 모양이나 습성도 각기 달라서 현미경상으로 어느 한두 종류의 박테리아를 확인하는 것은 몰라도 무수히 많은 박테리아를 일일이 확인하는 것은 아예 불가능하다. 그런가 하면 토양 속에 들어 있는 박테리아는 토양입자와 비슷한 모양이 대단히 많고, 또 흙 속에는 바테리아뿐 아니라 원생동물, 바이러스, 토양곤충류, 조류, 곰팡이류 등 온갖 종류의 생물들이 다 모여 있다. 특히 산림토양은 이런 미생물들의 온상이기 때문에 이런 토양 속의 세계를 생물학자들은 마이크로코스모스(microcosmos)라고 불렀다. 코스모스가 광대한 우주를 가리키는 말이니 마이크로코스모스는 문자 그대로 '소우주'인 셈이다.

최고 배율을 3000배 정도까지 확장할 수 있는 광학현미경으로도 토양 속에 들어 있는 미생물들을 밝혀내는 게 불가능하다. 그들이 벌레처럼 꼼지락거려서 토양입자와 쉽게 구분되는 것도 아니고, 아직 제대로 분류조차 되지 않은 것들도 있으며, 살아있지도 죽어있지도 않은 휴면상태에 있는 미생물도 있기 때문이다. 그러면 과학자들은 이런 미생물의 세계를 어떻게 밝혀냈을까?

과학자들은 가장 먼저 생물과 무생물을 구별하는 방법을 고민하였다. 미생물도 생물의 일종이어서 무생물의 토양입자와 구별할 수 있는 방법만 있다면 토양 속에 들어 있는 미생물을 보다 쉽게 찾아낼 수 있을 것으로 생각했던 것이다. 그래서 가장 먼저 유기물에만 반응하는 염색액을 개발하였고, 이어서 특정한 미생물 종류에만 반응하는 다양한 종류의 염색액들을 개발하였다. 그렇게 해서 현미경 속에서 미생물을 찾는 수고를 훨씬 덜었는데 정작 새로운 문제가 발생하였다. 염색액은 생물체를 구성하는 단백질이나 지방 등과 반응해서 색을 나타내는데 그러다 보니 살아 있는 박테리아나 죽은 박테리아나 다 염색이 되었던 것이다. 미생물학자들은 다시 머리를 싸맸다.

두 번째 방법으로는 비록 미생물 종류를 구분할 수는 없지만 토양 속에 들어있는 미생물의 활동성을 검사해서 미생물의 양을 알아보는 방법이 등장하였다. 이 방법은 미생물도 다른 동식물들처럼 호흡을 한다는 사실에 기초한 것인데, 그 방법은 다음과 같다. 먼저 밭토양과 산림토양 10그램씩을 'U'자 모양의 긴 대롱이 달린 작은 유리병 속에 넣고 뚜껑을 닫자. 긴 대롱에는 수은을 조금 채워두는데 시간이 지나면서 대롱 속의 수은이 점점 더 유리병 쪽으로 옮겨가게 된다. 미생물들이 호흡하면서 공기 중의 산소를 소모하기 때문에 그 줄어든 만큼 병 속이 비게 된다. 이렇게 해서 양쪽 병의 줄어든 산소량을 비교하면 어느 쪽 토양에 더 많은 미생물이 살고 있는지 평가할 수 있다.

상대적인 방법이지만 이처럼 산소 소모량을 측정해서 미생물 양을

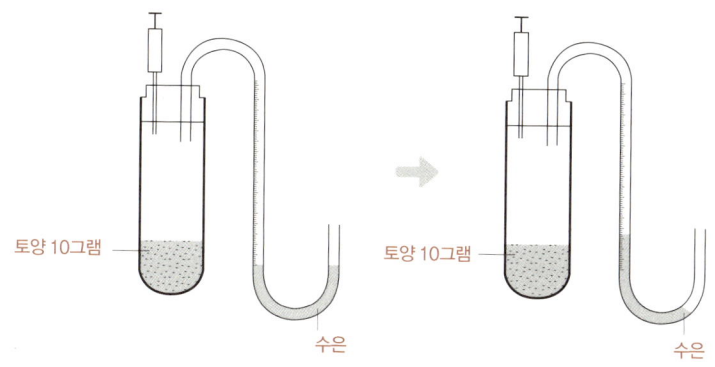

산소 소모량을 측정해 미생물 양을 측정하는 실험

알 수 있게 되자 이어서 특정한 먹잇감을 병 속에 넣어서 토양 속 미생물들이 그것을 분해할 수 있는지를 검사하는 방법이 개발되었다. 예를 들어서 앞의 유리병에 약간의 산림토양과 함께 위험한 화학물질 한 스푼을 넣었다고 하자. 며칠이 지난 후 병 속의 산소량이 줄어들었다면 그 화학물질을 분해할 수 있는 미생물이 그 흙 속에 살고 있는 것이다. 이것이 생명공학자들이 새로운 미생물종을 찾아내는 방법이다.

토양에서 미생물을 찾는 세 번째 방법은 생화학적 기술을 응용하는 것이다. ATP(아데노신삼인산)는 우리 몸의 에너지원으로, 생물이 호흡할 때 체내에서 ATP를 생성한다. 따라서 ATP 양을 정확히 측정할 수 있으면 세포의 양 또는 세포의 활성도를 추정할 수 있다. 지난 세기 중엽에 생화학자들은 특정한 효소를 사용해서 ATP 양을 측정할 수 있는 기술을 개발하였는데 이 방법이 미생물학에 도입되어 토양 속에 존재하는 미생물 양을 검증할 수 있게 되었던 것이다. 근래에는 ATP 대신 DNA 양을 측정해 미생물 양을 검증하는 방법도 많이 사용되고 있다.

그러면 이런 다양한 방법으로 토양 속에 어떤 종류의 미생물이 얼마나 사는지가 정확히 밝혀졌을까? 과학자들은 지금도 여전히 토양 속의 미생물을 찾기 위해 열심히 노력 중이지만 아직 토양 한 스푼 속에 얼마나 많은 미생물이 사는지 여전히 밝혀지지 않고 있다. 앞에서 설명했던 모든 미생물 측정 방법에 나름대로 부족한 점이 있고, 또 대부분 박테리아들이 주변 환경에 따라 너무 쉽게 형태나 물질대사의 기능을 바꿔서 그것들의 분류 자체가 대단히 어렵기 때문이다. 따라서 토양 속 미생물에 대해서는 현대과학조차 추정만 할 뿐인데, 1그램의 산림토양 속에 미생물이 대략 2억 마리 살고, 이 미생물 무게는 전체 토양 무게의 약 15퍼센트라고 추정한다.

　세상은 겉에서 보이는 세계와 그 안쪽에 숨겨진 세계로 이루어져 있다. 인류가 마치 지구의 주인인 양 도시와 도로를 건설하고, 아마존 삼림을 파괴하며, 또 화석연료를 마구 사용해서 지구온난화를 부추기고 있지만, 정작 이 지구의 물질순환계를 통제해 지상의 모든 생물에게 아늑한 환경을 제공하는 주인공은 인간이 아니다. 바로 흙 속에 숨어 있는 미생물들이다.

　우리가 산림을 보호해야 하는 이유는 그곳에 서식하는 각종 동식물들을 보전하기 위함만이 아니다. 더 중요한 이유는 토양 속에 숨어 있는 미생물 세계를 유지시켜야 하기 때문이다. 그들이 없으면 우리 인류의 생존도 없다는 사실을 명심해야 한다.

가장 낮은 위도에서 발견한 포드졸 토양

기후와 토양 조건이 식생을 결정한다

식물생태학에서는 한 장소의 기후와 토양 조건이 결국 그곳에 서식하는 식생을 결정한다고 가르친다. 다시 말해서 우리나라에 서식하는 식물들에 대해 보다 잘 이해하기 위해서는, 먼저 우리나라의 기후와 토양 특성을 알아야 한다는 의미이다. 그럼에도 불구하고 생태학자들은 기후와 토양 조건을 검토하는 데 별다른 흥미를 느끼지 못하는 듯하다. 선배 생태학자의 입장에서 본다면 참으로 안타까운 일이 아닐 수 없다. 오래전 일화를 소개하기로 하자.

나무가 울창하게 자란 숲에 들어서면 발아래에 느껴지는 감촉이 예사롭지 않다. 마치 푹신한 양탄자를 밟는 듯한 느낌, 낙엽 조각이 부서지면서 나는 사각거리는 소리, 여기에 낙엽 썩는 냄새까지 곁들여져 오감(五感)을 자극한다. 그런 기분 좋은 느낌을 전해주는 발밑 땅속 세계는 어떻게 펼쳐져 있을까?

숲 속 땅바닥은 대부분 푹신한 낙엽들로 뒤덮여 있다. 이런 낙엽층은 장소에 따라서 몇 센티미터에서 수십 센티미터까지 이르기도 하는데 가장 위쪽에는 아직 분해되지 않은 온전한 낙엽이 보이지만 그 아래쪽은 대부분 부서지고 조각나 제대로 된 낙엽을 찾기 어렵다.

더 아래쪽은 어떨까? 조금 더 깊이 파면 낙엽이 퇴비화된 시커먼 토양층이 나타나고, 10여 센티미터 더 들어가면 감촉이 좋은 연갈색 흙이 만져진다. 다시 더 들어가면 토양은 서서히 모래질로 바뀌다가 결국은 삽 끝에 딱딱한 암반이 느껴진다.

과학자들은 토양의 성층구조를 크게 세 부분으로 구분해 가장 위쪽의 낙엽이 썩는 부분을 A층, 그렇게 썩은 낙엽들에서 씻겨 내린 물질들이 침착되는 그 아랫부분을 B층, 그리고 대부분 모래와 암반으로 이루어진 그 아래층을 C층이라고 부른다. 여기에서 식물이 뿌리 내려서 수분과 영양분을 흡수하는 층이 A층인데, A층은 다시 낙엽의 부식 정도와 유기물의 포함 비율에 따라 가장 위층부터 A_0, A_1, A_2, $A_3 \cdots$ 이렇게 일련번호를 붙여서 구분한다.

북반구에서는 활엽수림과 침엽수림이 발달했는데 그 속에서 생성된 갈색과 회색의 삼림토(forest soil)가 많은 지역에 분포되어 있다. 산림이 발달된 지역의 지표면은 부패되지 않은 층부터 아직도 미생물의 분해작용이 진행되고 있는 A_0층까지 낙엽이 두껍게 깔려 있는 것이 보통이다. 그리고 이런 낙엽층 밑에는 진정한 무기질 토양(mineral soil)의 첫번째 층이라고 할 수 있는 A_1이 존재하는데, 보통은 검은색 혹은 짙은 갈색을 띤다. 이것을 부식토라고 하는데 우리가 화분에 꽃을 심을 때 가장 많이 애용하는 토양이다.

A_1층 밑의 A_2층은 낙엽이 분해되어 생긴 휴머스(humus, 부식질)가

● 광합성 작용을 하지 않고 다른 식물의 유기물을 흡수하여 사는 구상란풀.

강한 산성을 띠기 때문에 규산질 점토와 철, 기타 산화질 물질들이 빗물에 씻겨서 아래로 빠져나간 부분이다. 이런 현상을 토양학에서는 용탈이라고 하는데 그렇게 빠져나온 각종 성분들은 바로 그 아랫부분 토양에 침적된다. 바로 이 부분이 B층인데 무기 성분이 다량 포함되어 있어 식물들이 뿌리를 내리기 어려운 부분이다. B층의 아래는 굵은 모래와 자갈, 암석 등으로 구성된다.

광릉 소리봉 골짜기의 포드졸 토양

우리나라는 국토가 좁아서 기후가 비슷하고, 기반암의 대부분이 화산활동에서 만들어진 화강암이기 때문에 토양의 구성 역시 꽤나 단조롭다. 하지만 면밀히 조사해보면 그런 단조로움 속에도 조금씩 다른 양상이 나타난다. 과학자로서 느끼는 즐거움의 하나가 바로 그런 신선한 파격을 경험하는 것이 아닐까?

1958년, 아직 젊은 나이였던 나는 대학생들을 데리고 경기도 광릉의 삼림지대를 답사했다. 광릉에 국립수목원과 동양 최대 규모를 자

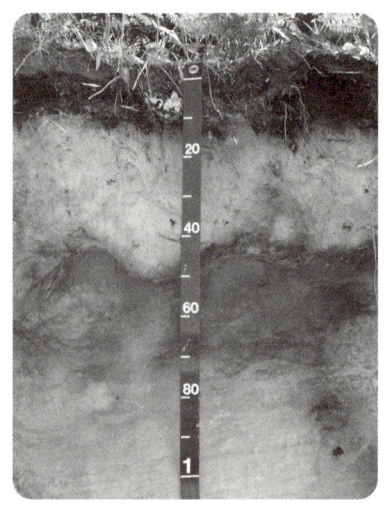

● 북방 침엽수림에 널리 분포하는 포드졸 토양을 뜻밖에도 북위 38도라는 낮은 위도에서 발견했다.

랑하는 산림박물관이 세워졌듯이 당시에도 우리나라에서 산림이 가장 잘 보전된 지역이었다. 소리봉의 북사면을 오르는데 비록 규모는 크지 않았지만 우리나라에서는 보기 드물게 잘 발달한 전나무 숲을 발견했다. 늠름한 키의 전나무들은 마치 금방이라도 괴물이 튀어나올 듯이 음습하기까지 했는데 그 숲의 땅바닥(임상)을 살펴보니 순백색의 구상란풀

[Monotropa hypopithys]이 거무튀튀한 낙엽 퇴적물 속에서 다소곳이 고개를 내밀고 있지 않은가! 이 풀은 비록 꽃을 피우기는 하지만 낙엽의 분해로 생긴 부식질에서 유기물을 흡수하기 때문에 광합성 할 필요가 없다. 엽록소를 만들지 않기 때문에 몸 전체가 하얀 백색인데 음침한 숲에서 자라는 모습이 자못 경이롭기까지 했다.

나는 걸음을 멈추고 학생들에게 음습한 전나무 숲에서는 포드졸 (podzol) 토양이 나타날 가능성이 높으니 땅을 파보라고 하였다. 여러 학생이 삽으로 땅을 파헤치니 두꺼운 낙엽층 아래 회백색 토양이 나타났다. 이것이 바로 포드졸이라는 토양층인데 우리나라에서는 개마고원 지역에서나 발견할 수 있는 것으로 알려져 있다. 그런데 뜻밖에도 북위 38도라는 아주 낮은 위도에서 포드졸이 분포하는 지역을 찾아낸 것이다.

포드졸은 독특한 회백(灰白)색 때문에 유명한데 한랭습윤기후의 북방침엽수림(타이가)에 널리 분포하는 토양으로 알려져 있다. 포드졸은 러시아어 'Pod(아래)'와 'Zola(타다 남은 재)'가 합성된 것인데, 낙엽 부식층 A_1 아래에서 발달하며 부식질의 강한 산성 때문에 토양의 염기류가 다 빠져나가고 오직 규산 성분만 남아 그런 색을 띠는 것으로 알려져 있다. 이와 같이 강산성 부식의 용탈작용이 지배적인 과정을 포드졸화작용(과정)이라 하는데, 그 결과 생기는 포드졸은 양분이 극도로 결핍되어 있으므로 척박하여 비옥도가 매우 낮다. 유라시아 대륙에서는 북극권 이남에서부터 북위 50도 부근까지, 북아메리카 대륙에서는 약간 남하하여 오대호 부근에 이르는 주극지대(周極地帶)에 널리 분포한다.

이처럼 아한대지방에 분포하는 포드졸 토양이 한반도 중앙에도 존재했던 것이다. 광릉 전나무 숲 속의 포드졸은 A_2층에서 발견되었는데 두께가 15센티미터나 되었다.

과연 그 포드졸 토양은 우리에게 무엇을 알려주는 것일까? 혹시 한반도가 과거에 북유럽과 같은 아한대 지역에 속했다는 것을 시사하는 것은 아닐까? 젊은 시절로 되돌아가 다시 한번 광릉 숲을 찾고 싶다.

우주선 지구호의 정원은 얼마나 될까?

🌏 세계 인구, 아무도 모른다

우리나라는 10년에 한 번씩 조사원들이 가가호호 방문해 전국의 인구를 조사하는데 이를 인구센서스라고 한다. 최근에는 2005년에 11월 1일부터 보름간 전국적으로 실시하였다.

하지만 전 세계적으로 본다면 인구센서스를 실시하는 나라보다 그렇지 않은 나라가 훨씬 많다. 또 인구센서스를 시행하는 나라 중에는 실제 인구와 조사 결과의 차이가 적지 않은 나라도 많다. 가장 대표적인 나라가 중국인데, 1970년대부터 '한 자녀 낳기 정책'을 강행한 결과 호적에 올릴 수 없는 헤이하이즈[黑孩子(흑해자), 중국에서 산아제한 정책으로 인해 호적에 오르지 못한 아이들을 일컫는 말]가 양산되었다. 그 수가 무려 수백만에서 수천만 명에 이를 것이라 추정된다. 이처럼 상당수 개발도상국에서는 정확한 인구조사가 불가능하기 때문에 전 세계 인구가 정확히 얼마나 되는지는 아무도 모른다.

그러면 이제까지 인구의 변화 추세는 어떠했을까? 다음 그래프에서

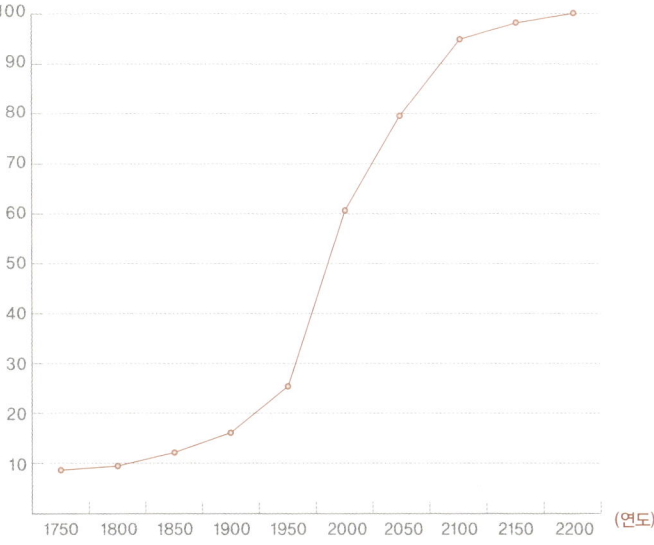

알 수 있듯이 세계 인구는 20세기 후반부터 빠른 속도로 증가했다. 이처럼 1950년대 이전과 이후의 인구 증가율이 큰 차이를 보이는 것은 2차 세계대전 이후 급격히 발전한 과학기술 덕분이다. 과학기술의 발전은 보다 많은 인구에게 충분한 식량을 제공했으며, 의료기술과 위생적인 상하수도 시설을 개선시켜 사망률이 급속도로 떨어지는 계기를 만들었다. 인구의 빠른 증가는 사람들이 자식을 많이 낳아서가 아니라 의료기술의 발달 덕에 사망률이 감소했기 때문이다.

이 때문에 우리나라는 물론 세계적으로 크게 문제가 되는 출생률 감소에도 불구하고 세계 인구는 향후 상당 기간 커다란 증가를 보일 것으로 예상된다. 지난 2000년 국제연합은 세계 인구가 1999년 10월 12일 현재 60억 명을 돌파했다고 공식 발표했는데, 국제연합 인구통계에 따르면 세계 인구는 2013년에 70억 명, 2028년에 80억 명, 2054년에 90억 명, 그리고 금세기 말에 이르면 100억 명을 넘어설 것으로 예측했다.

하지만 이런 인구 증가 전망에 대해서 반론이 적지 않은데 그것은 1990년대 들어서부터 비단 선진국들뿐 아니라 개발도상국에서도 사망률이 감소하지 않는 대신 출생률이 급작스럽게 감소하고 있기 때문이다. 실제로 국제연합은 지난 1970년대부터 21세기의 인구 전망을 계속하고 있는데 해가 갈수록 2100년의 예상 인구수가 점점 더 줄어들고 있다. 이런 점을 감안할 때 2100년의 인구수는 현재 우리가 예측하는 것보다 크게 낮아질 가능성도 있다.

과연 지구는 100억 인구를 먹여 살릴 수 있을까?

20세기 후반에 들어서 인구가 급격하게 증가하면서 많은 사람들은 우주선 지구호가 불어나는 인구를 먹여 살릴 수 있을지 우려했다. 특히 1968년 파울 에를리히(Paul Ehrlich)가 『인구폭탄』이라는 제목의 책을 발간하고, 이어서 1972년에 로마클럽이 『성장의 한계』를 발표하면서, 인구 증가 문제는 환경오염 문제와 더불어 인류의 미래를 위협하는 가장 중요한 요인으로 부상했다. 요즈음 인류의 미래를 걱정하는 책 목록에는 인구문제를 다룬 책이 가장 많은 수를 차지한다.

사람들이 인구 증가를 두려워하는 이유는 사실 간단하다. 그 많은 인구를 먹여 살릴 수 있을 만큼 충분한 식량생산을 기대하기 어렵고 또 유한한 지구에서 석유를 비롯한 에너지와 목재, 철강, 수자원 등

● 1950년 25억 명에 불과하던 인구가 현재 60억 명을
가뿐히 뛰어넘었다.

각종 원자재 공급도 점점 더 어려워질 것이기 때문이다. 이와 함께 인구가 증가하는 만큼 환경 오염과 훼손도 더 증가할 것이기에 결국 인구 증가가 모든 문제의 원흉이라는 인식이 널리 확산되고 있다.

그러면 1950년 25억 명에 불과하던 인구가 60억 명을 가뿐히 넘어선 지금 그동안 비관론자들이 우려했던 식량과 에너지 등의 자원 부족과 환경오염 위기는 얼마나 심화되었을까? 여러 국제기구들이 조사한 자료에 따르면 세계의 식량생산은 꾸준히 증가하는 것으로 나타났다. 다음의 그래프는 인류의 미래에 대해 주로 비관적인 견해를 보이는 월드워치연구소가 2001년에 발간한 『바이탈 사인 2001』이라는 책에서 인용했는데, 세계의 식량생산이 지난 반세기 동안 꾸준히 증가하고 있음을 보여준다.

다만 1990년대에 이르러 그 증가세가 다소 주춤했지만 그것은 구소련의 붕괴로 동유럽과 러시아에서 기존의 농업체계가 혼란을 겪으며 일시적으로 나타난 현상이다. 전체적으로 볼 때, 20세기 후반부 50년 동안에는 인구가 25억 2000만에서 60억 6000만 명으로 2.4배 증가했는데, 이 기간에 식량생산은 6억 3300만 톤에서 18억 4000만 톤으로

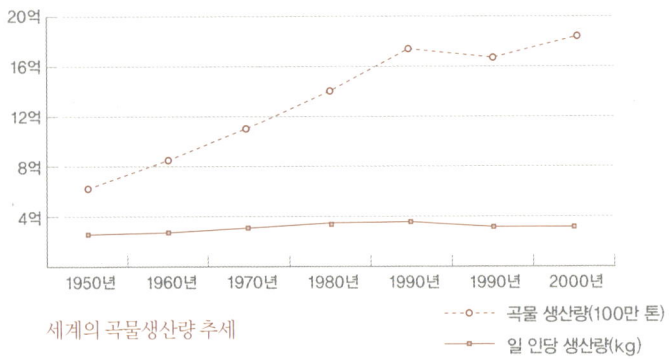

| | 1950년 | 1960년 | 1970년 | 1980년 | 1990년 | 1990년 | 2000년 |

세계의 곡물생산량 추세

- - o - - 곡물 생산량(100만 톤)
━━■━━ 일 인당 생산량(kg)

2.9배나 증가하였다. 이에 따라 1인당 곡물생산량은 247킬로그램에서 303킬로그램으로 증가하였다.

그러면 21세기 식량생산 전망은 어떠할까? 세계의 식량생산은 1990년대에 이르러 잠시 주춤했지만 이제 동유럽 체제가 안정되면서 세계의 식량 증가 추세는 원래의 양상을 회복하고 있다. 그런가 하면 최근 과학기술의 발달은 비료와 농약의 사용을 줄이면서도 작물의 생산력을 크게 증대시켰다. 이와 함께 선진국들이 개발도상국에 대한 지원을 늘리면서 향후 식량증산의 전망이 밝다. 전문가들은 국제시장의 곡물 가격이 꾸준히 하향 안정세를 나타내는 데 주목하고 있다. 세계은행이나 경제협력개발기구(OECD), 국제연합식량농업기구(FAO) 등 국제기구들은 낙관론을 지지하고 있다.

하지만 모든 전문가들이 식량문제에서 낙관론에 동의하는 것은 아니다. 월드워치연구소를 비롯한 많은 환경단체들은 앞으로 식량위기가 도래할 것이라는 비관론을 펼치고 있다. 그러나 식량 수입국들이 비관론을 지지하는 것이나 그 반대로 곡물 수출국들이 낙관론을 강조하는 것은 결국 자국의 유리한 입장을 쫓기 때문이다.

✍ 생물학자들이 생각하는 지구의 정원

생물학자들은 생태학적 지식으로 우주선 지구호의 정원이 얼마나 되는지 밝히려고 노력해왔다. 이런 노력은 식물생리학과 생태학에 바탕을 둔 전통적인 연구와 비교적 최근 들어서 시작된 환경과학적 입장을 강조한 연구 두 가지 방향에서 진행되었다.

먼저, 우주선 지구호가 부양할 수 있는 인구의 정원은 경작 가능한 최대 토지 면적에 최대한 높은 생산성을 곱해서 얻어진 식량 총생산량을 인구 1인당 연간 필요한 식량으로 나누면 얻을 수 있다. 그런데 여기에서 문제가 복잡해지는 것은 중위도 온대지방에 위치한 선진국들은 토지가 비옥하고 관개시설이 잘 되어 있으며 좋은 품종의 종자에 충분한 비료와 농약을 사용하기 때문에 단위면적당 곡물생산성이 매우 높은 반면, 주로 열대지방에 위치한 많은 개발도상국들은 척박한 토지, 불량한 관개시설, 부족한 비료와 농약 등으로 토지생산성이 아주 낮다는 점이다.

현재 세계적으로 단위면적당 생산성이 가장 높은 지역은 놀랍게도 우리나라인데 논 1헥타르당 쌀 생산량이 5000킬로그램에 육박한다. 이에 반해서 생산성이 가장 낮은 지역인 아프리카 사하라 사막 이남 지역의 토지생산성은 1헥타르당 1000킬로그램을 조금 넘는 수준에 불과하다. 따라서 전 세계 평균은 2500킬로그램을 조금 상회하는 수준이다. 만약 개발도상국의 경작지 토지생산성을 선진국 수준으로 높일 수만 있다면 인류의 식량문제는 앞으로 걱정할 필요가 없을 것이나. 국세언합식량농업기구를 비롯한 국세기구들이 식량문제를 비교적 낙관하는 것은 과거 선진국들의 경험을 고려할 때 개발도상국에

경제적 지원을 늘리면 토지생산성이 향상될 것이라고 기대하기 때문이다.

다른 한편으로 일부 비관론자들은 현재 인류가 육상에서 생산하는 모든 광합성 생산물의 40퍼센트를 착복하고 있다고 지적하면서 인구가 2배로 늘어나면 착복하는 양도 2배로 늘어서 80퍼센트에 육박할 것이라고 주장한다. 그들은 인류가 자연에서 생산되는 광합성 생산물을 80퍼센트나 사용하면 지구 생태계는 분명 그런 착취에 견뎌낼 재간이 없기 때문에 인구 증가는 인류를 종말로 인도하는 가장 확실한 지름길이라고 강조한다.

최근에는 이런 관점에서 인간이 지구 생태계에 가하는 압력을 측정하기 위해 캐나다 경제학자인 마티스 와커나겔(Mathis Wackernagel)과 윌리엄 리스(William Rees)가 개발한 생태발자국(Ecological Footprint)이라는 개념을 도입하였다. 생태발자국이란 생태, 즉 자연에 남겨진 인간의 발자국을 의미한다. 음식, 옷, 집, 에너지 등을 생산하기 위해 필요한 토지, 쓰레기를 처리하는 데 필요한 토지 등 인간 생활에 필요한 자원을 생산하는 데 소요되는 토지 면적을 헥타르로 나타낸 지수이다.

예를 들어서, 2003년 녹색연합이 실시한 조사에 따르면 평범한 한국인 1인이 먹을거리를 생산하는 데 필요한 토지 면적은 0.79헥타르, 교통수단 이용에 필요한 면적은 0.34헥타르, 주거지는 1.01헥타르, 소비재 생산과 폐기에 필요한 토지는 1.93헥타르 등으로 나타났다. 이 조사에서 한국인의 생태발자국 지수는 4.05헥타르로 나타났는데 이는 경제협력개발기구 국가들의 평균인 5.5헥타르에 비해서는 낮은 편이지만 개발도상국들의 평균에 비교하면 매우 높은 수치이다.

이런 생태발자국 지수를 활용하면 한정된 지구가 감당할 수 있는 인구의 규모를 예측할 수 있다. 실제로 2002년 세계야생동물기금협회(WWF)는 생태발자국의 개념을 도입해, 인류가 이미 지구가 감당할 수 있는 인구를 1.2배나 초과했으며 2030년에 이르면 총체적인 붕괴를 맞게 될 것이라는 충격적인 보고를 발표하기도 하였다.

그러면 미래 식량문제의 전망에 대한 낙관론과 비관론이 교차하는 가운데 우리는 지구의 정원을 어느 정도로 잡는 것이 알맞을까? 생물학자인 나의 입장은 이러하다.

"인류는 지난 20세기에 공전의 대번영을 이룩하였다. 그 결과 인구가 몇 배로 증가했고, 그동안 발달한 과학기술로 늘어난 인구를 먹여 살리는 데 성공했다. 이런 경험에서 보면 세계 인구가 지금보다 두 배 더 늘어난다 하더라도 심각한 식량문제는 일어나지 않을 것으로 전망된다. 과학기술의 놀라운 발전은 21세기에도 꾸준히 진행될 것이기 때문이다."

공룡은 왜 갑자기 사라졌을까?

지구 역사 최대의 수수께끼

45억 년 지구 역사에서 공룡의 멸종처럼 사람들의 관심을 끄는 사건도 달리 없을 것이다. 생물이 처음 지상에 출현한 것은 지구가 탄생한 후 5억 년이 지난, 지금으로부터 약 40억 년 전이다. 최초의 생물은 지금의 박테리아보다 훨씬 작았고, 더 단순한 기능만 가졌을 것으로 짐작되는데 이런 미생물들은 처음 탄생한 이후 거의 20~25억 년 동안 지구를 지배하였다. 40억 년 진화 역사에서 처음 30억 년 가까운 기간 동안은 온통 미생물 시대였던 것이다.

이런 미생물의 시대는 지금으로부터 약 8억 년 전에 이르면서 차차 저물기 시작하였다. 이 시기에 현대 동식물들의 조상이라고 할 수 있는 새로운 세포들이 탄생했는데 이 세포들은 핵을 가져서 과거의 박테리아들과 뚜렷이 구별되었다. 그런데 이렇게 새로운 세포들이 출현하자 생물진화의 속도가 갑자기 빨라졌는데, 그후 1억 년이 지나 다세포생물들이 바다에서 출현하고 이들이 어느새 육상으로 기어오르게 되었다. 육상에서 공기 중의 산소를 호흡하는 동식물종들은 지금으로부터 약 7억 년 전에 처음 나타났다.

처음 나타난 동물들이 연약한 껍질을 가졌다면 약 5억 년 전인 고생대 초기에 이르러서는 단단한 껍질을 가진 동물들이 나타나기 시작하였다. 어류가 처음 출현했던 것은 약 4억 5000만 년 전이었고, 양서류는 3억 6000만 년 전에, 파충류는 3억 2000만 년 전에 처음 지상에 태어났다. 공룡의 시대로 일컬어지는 중생대는 지금으로부터 약 2억 3000만 년 전에 시작되었고 최초의 포유류는 2억 1000만 년 전에 지상에 출현하였다.

중생대는 생물진화 역사에서 가장 거대한 몸집을 가진 동물들의 시대였다. 특히 중생대 쥐라기(Jurassic Period)는 지금으로부터 약 1억 9500만 년 전부터 1억 3800만 년에 이르는 약 6000만 년 동안의 기간인데 이때는 코끼리 몸집의 몇 배나 되는 공룡들이 지상을 활보했고 날개 실이가 무려 12미터나 되는 익룡들이 하늘을 날아다니는 등 그야말로 공룡의 시대였다. 스필버그가 제작한 영화 「쥐라기 공원」은 바로 이 시대 공룡들을 재현한 것이다.

이런 공룡시대는 지금으로부터 6500만 년 전에 이르러 갑자기 사라졌다. 이렇게 해서 중생대라는 한 지질시대가 저물고 포유동물 시대인 신생대가 열리게 되는데, 공룡의 멸종은 그야말로 지질시대의 한 획을 그을 만큼 중요한 역사적 사건이었다.

공룡 멸종이 비단 학문적으로만 중요한 사건은 아니다. 일반인들에게도 과거 한때 오늘날의 그 어떤 동물들보다 훨씬 더 큰 몸집의 공룡들이 하늘과 육지, 바다를 모두 점령하고 있었다는 사실이 지대한 관심거리가 되는 것이 당연하였는데, 그중에서도 공룡들의 갑작스러운 절멸이야말로 가장 흥미로운 사건이 아닐 수 없다. 무릇 관심이 모아지는 곳에 이론이 만개하는 법. 공룡 멸종에 대해서는 몇십 개나 되는 의견들이 있었는데 이제 그중에서 가장 빈번하게 인용되는 이론 몇 가지를 살펴보기로 하자.

과학적 증거로 뒷받침되는 천재지변설

공룡 멸종의 원인으로 그동안 가장 각광을 받았던 이론은 천재지변에 관련된 것들이었다. 이런 천재지변설로는 현재 운석충돌설이 가장 인기를 끌고 있으며 여기에 초신성 폭발설, 천체충동설 등이 뒤를 잇고 있다.

운석충돌설은 최근에 제기되었는데 가장 강력한 과학적 증거를 확보하고 있는 이론이다. 노벨물리학 수상자인 물리학자 앨버레즈(Luis W. Alvarez)와 그의 아들 월터가 이끄는 연구팀은 1980년대에 전 세계 지층들에서 중생대 백악기와 신생기 제3기 사이 경계면(C-T경계)에 고농도 이리듐(Iridium)이 분포하는 것을 발견하였다. 그들은 이리듐이 우주의 운석에 특히 많이 들어 있는 금속이라는 점에 착안하여 이 시기에 대형 운석이 지구에 충돌했을 것이라고 제기하였다.

운석충돌설은 고농도 이리듐 발견이라는 증거뿐만 아니라 운석이 충돌한 장소로 멕시코 유카탄 반도를 지목해서 과학적 신빙성을 더하고 있는데, 실제로 그곳에는 지름이 10킬로미터 정도인 운석충돌 흔적이 지금도 남아 있다.

● 지구에 낙하한 운석은 거대한 크레이터를 만든다.

　그러면 운석충돌 효과는 어떠했을까? 최근 컴퓨터 시뮬레이션을 이용한 결과, 지름 10킬로미터의 운석이 지표면에 충돌하면 엄청난 양의 먼지가 대기권으로 확산되어 몇 달 동안은 지구 전체가 아예 암흑 천지가 되었을 것으로 예측하였다. 그리고 무려 수 년에서 수십 년 동안 지표면에 내리쬐는 태양 빛이 원래의 20~30퍼센트 정도에 불과했을 것으로 추정되었다. 그렇다면 당시 생존하던 생물들 대부분이 일시에 사멸했을 가능성이 충분하다.

　이처럼 대기권에 먼지가 유입돼 태양 복사열의 양이 크게 감소하고 그 결과 지구 전체가 냉각되는 현상은 과거 미국과 소련이 군비경쟁을 할 때 저명한 천문학자 칼 세이건(Carl Sagan)이 다시 한번 제기한 바 있다. 그는 미소 간 핵전쟁이 일어나면 과거 공룡 멸망 시와 같은 상황이 발생해서 인류가 멸망할 것이라고 주장했다. 세이건의 이런 인류 멸망 이론을 핵겨울설이라고 부른다.

　공룡이 운석충돌로 야기된 겨울 추위를 극복하지 못하고 멸망했을 것이라는 이론은 대단히 설득력 있다. 하지만 그런 겨울 추위가 반드시 운석충돌로만 야기되는 것은 아니다. 한두 개가 아니라 수십 개 또는 그 이상의 운석들이 거의 비슷한 시기에 떨어졌다는 이론도 있고, 또 운석 대신 지구 궤도 근처를 지나던 혜성이나 소형 천체와 충돌했다는 이론들도 제기되었다.

🌀 사실에 충실한 점진적 환경변화설

갑작스러운 추위가 몰아쳤다면 커다란 몸집의 변온동물인 공룡은 특히 살아남기 어려웠을 것이다. 하지만 화석의 기록으로 볼 때 공룡이 어느 날 아침에 갑자기 사라진 것이 아니라 적어도 몇만 년에 걸쳐 서서히 멸종되었다는 사실을 인정하지 않을 수 없기 때문에 운석충동설 역시 공룡 멸종을 설명하는 데는 일정 부분 한계가 있다. 그래서 사람들은 다른 멸종 원인을 찾았는데 가장 많이 등장하는 이론이 바로 점진적인 환경변화설이다.

중생대는 지금과 비교해서 화산활동이나 지진 같은 지각변동이 훨씬 더 많았을 것으로 추측된다. 또 대륙이동설에 따르면 현재 육지를 이루는 몇 개의 대륙판들이 원래는 한데 모아져 있다가 약 2억 년 전부터 서서히 흩어지기 시작했다고 한다. 이런 대륙 이동이 중생대 말엽에 이르러 가속화되면서 급격한 화산활동이 일어났다고 한다. 그래서 대기권에 다시 다량의 먼지가 유입되어 기온이 저하되었고 그 결과 공룡을 비롯한 대부분의 생물종들이 서서히 멸망했다는 주장이 바로 화산활동설이다. 비단 화산활동뿐만 아니라 대규모 조산운동(대규모의 습곡산맥을 형성하는 지각변동)과 지진으로 인해 공룡이 멸망했다는 주장도 있고, 그런 대륙이동 결과로 바다가 육지로, 그리고 육지가 바다로 변해 공룡 서식처가 사라졌기 때문에 멸종했다는 주장도 제기되었다.

초식성 공룡인 브론토사우루스는 몸집이 코끼리의 10배이며, 머리에서 꼬리까지 길이가 자그마치 20미터가 넘고, 몸무게는 40톤에 달하며 하루에 먹는 물이 5톤 이상이었다고 한다. 그런데 화산활동으로 육지에서 호수가 사라지고 또 식물들이 자라는 장소가 점점 더 부족해지자 이처럼 큰 몸집의 초식성 공룡들은 생존이 어려울 수밖에 없었을 것이다.

설상가상으로 기후마저 점점 추워지면서 초식공룡들은 절체절명의 위기에 처했고 덩달아서 그런 초식공룡들을 잡아먹고 사는 육식성 공룡도 함께 사라지게 되었다. 이러한 연쇄작용은 결국 대형 공룡 집단들을 지구 상에서 아예 쓸어버렸고 살아남을 수 있었던 일부 공룡들은 덩치가 작아졌을 것이다. 실제로 일부 학자들은 오늘날까지 겨우 살아남은 공룡의 한 부리가 몸이 작게 진화해서 악어가 되었다고 보고 있다.

🖋 공룡의 자체 멸종설은 설득력을 잃고 있다

천재지변설이나 환경변화설에 못지않게 공룡의 멸망 원인을 공룡 자체의 생활습성에서 찾아야 한다는 자체 멸종설도 꾸준히 제기되고 있다. 자체 멸종설은 앞의 두 이론에 비해 그 내용이 훨씬 더 다양한 것이 특징인데, 여기에는 공룡들끼리의 먹이싸움이 심했던 나머지 다 함께 멸종의 길을 걸었다는 주장에서부터 호르몬에 문제가 생겨서 알껍데기가 얇아진 결과 멸종되었다는 주장 등 그야말로 각종 이론이 분분하다.

먼저 중생대의 오랜 기간 동안 공룡 진화가 지나치게 일방향적으로 진행되면서 주위 환경변화에 대한 적응력이 점차 약화되었고 그 결과 새로 등장한 포유류들과 경쟁에서 점점 더 뒤처지게 되었다는 이론이 제기되었다. 특히 공룡에 비해 몸집이 작고 상대적으로 행동이 훨씬 민첩하였던 포유류들이 공룡 알을 먹잇감으로 삼아 공룡들이 점차 도태되었다는 알도난설이라든지, 공룡 두뇌가 포유류에 비해서 크게 작았던 만큼 먹이경쟁에서 도저히 이길 수 없었을 것이라는 경쟁도태설까지 그 내용이 매우 다양하다.

그런가 하면 공룡이 1억 년 이상을 살아오면서 진화를 거듭해 커다란 뿔, 단단한 껍질, 엄청난 두께의 두개골 등 지나치게 기괴한 생김새로 변했고, 그 결과 종의 퇴화가 촉진되었다는 퇴행설도 거론되었다.

유감스럽게도 이런 다양한 자체 멸종설들은 화석 기록상으로나 다른 과학적인 이론으로 검증되기 어렵기 때문에 단지 가설로서만 유효하다고 할 수 있다. 자체 멸종설의 어느 하나도 현재 시점에서는 과학적인 증거를 확보하기가 어려운 형편이기 때문이다.

그런데 1970년대에 동물학자 스웨인(Jonathan Swain)은 공룡이 멸종한 주원인을 기후악화에서 찾는 대신 기후변화로 야기된 새로운 식물종의 등장 때문이라고 주장하여 세계적으로 주목을 끌었다.

스웨인은 공룡이 일반인이 생각하는 것처럼 뱀과 같은 냉혈동물이 아니라 백악기 말의 추운 기후상태에서도 적응할 수 있었던 온혈동물에 속한다고 믿었다. 따라서 기후악화는 그들의 절멸 원인이 될 수 없었으며 다만 기후변화에서 기인하는 식물진화에 그 원인이 있다고 주장했다.

중생대 후반 지구에서는 육상식물을 중심으로 굉장한 변화가 일어났는데, 특히 꽃 피는 식물의 진화가 폭발적으로 진행되었다. 알칼로이드는 꽃 피는 식물체들에 주로 들어 있는 염기성 유기화합물질의 일종인데 고사리나 고비, 석송류와 같은 중생대의 주류 식물군에서는 발견하기가 어려웠다.

대형 공룡은 다량의 풀을 먹지 않으면 안 되는 슈퍼 소비자다. 만약 몸무게 5톤의 공룡이라면 줄잡아서 하루에 풀 200킬로그램은 먹어치웠을 터인데, 그처럼 많은 먹이를 취하는 과정에서 자연히 새로 생겨난 꽃 피는 식물인 은행나무류, 송백류, 주목류 등을 섭취했을 것이고, 그 결과 알칼로이드에 중독되어 사라졌을 것이라고 스웨인은 주장하였다. 요즘에도 소나 말과 같은 초식동물은 알칼로이드를 품고 있는 미나리아재비를 뜯어 먹고 죽는 일이 발생하곤 한다.

결국 약 6500만 년 전에 발생했던 공룡의 대멸종은 생물진화와 지구 역사에서 최대의 사건이었음에도 불구하고 여전히 이론만 분분한 형편이다. 하지만 공룡 멸종의 원인이 이제까지 설명된 것 중 어느 한 가지이거나 전혀 다른 것이었다고 해도, 분명한 사실은 공룡이 어느 날 갑자기 지상에서 모두 사라진 것은 아니라는 점이다.

공룡은 적어도 수만 년에 걸쳐서 서서히 멸종되었다. 그리고 그 원인 중 일부분은 필경 기후변화에서 비롯되었을 것이다. 우리는 그런 기후변화의 원인에 대해서는 아직 확실히 알지 못한다. 하지만 기후변화가 어떤 사태를 불러올 수 있는지는 공룡의 대멸종 사건에서 충분히 짐작할 수 있을 것이다. 무릇 기후는 인간은 물론 모든 다른 생물들의 생존을 결정짓는 가장 중요한 요소임이 틀림없다.

기후변화가 세계사를 바꾼다

기상과 기후가 생물의 생활을 지배한다

날씨, 기상, 기후, 계절…. 현대인은 이런 단어들에 익숙하다. 그래서 우리가 그 의미를 잘 안다고 생각하기 십상이지만 사실은 그렇지도 못하다. 여러분은 날씨와 기상이 어떻게 다른지 알고 있는가? 기상과 기후는 또 어떻게 다를까?

사전을 찾아보면, 날씨는 "일정한 지역에서 그날그날의 비, 구름, 바람, 기온 따위 대기의 상태", 기상은 "대기 중에서 일어나는 물리적인 현상을 통틀어 이르는 말"이라고 설명되어 있다. 따라서 기상은 대기층에서 발생하는 제반 물리적 현상을 가리키는 용어이며, 날씨는 그런 기상현상들을 종합해서 사람들이 쉽게 이해할 수 있도록 나타내는 말이다. 똑같이 대기 상태를 설명하는 단어지만 기상은 과학용어로, 날씨는 생활용어로 통용된다고 해도 좋다.

그러면 기상과 기후의 차이는 무엇일까? 기후는 "일정한 지역에서 여러 해에 걸쳐 나타난 기온, 비, 눈, 바람 따위의 평균 상태"라고 정의된다. 따라서 어제 다르고 오늘 다른 날씨는 기상현상이고 여름이 덥고 겨울은 추운 우리나라 날씨의 특징은 기후현상인 것이다.

계절은 1년 기후를 편의상 몇 개로 구분하기 위해 사용하는 용어이다. 우리나라는 보통 봄, 여름, 가을, 겨울 4계절로 구분하지만 장마기와 늦가을을 포함시켜서 6계로 구분할 수도 있다. 열대지방에서는 1년을 아예 건기와 우기 두 가지로만 구분하기도 한다.

날씨와 기상, 기후, 계절은 이렇게 의미가 다르지만 어쨌든 우리는 대기층의 변화로 나타나는 제반 현상들을 체감하면서 하루하루 생활한다. 비단 사람뿐만 아니라 자연의 모든 동식물도 기상과 기후에 반응하면서 살아가는 것은 마찬가지일 터이다. 이런 관점에서 기상과 기후야말로 인간을 비롯한 모든 생물의 생활을 지배하는 가장 중요한 결정인자라는 사실은 아무리 강조해도 지나치지 않을 것이다. 내가 이 책의 상당 부분에서 기후와 관련해 생물의 생활을 다루고 있는 것 역시 이런 이유에서라고 하겠다. 여기에서는 특별히 기후나 기상이 인류 역사를 바꿀 만큼 중요했던 사례들을 몇 가지 찾아보기로 하자.

기후가 이집트에 피라미드를 세웠다?

나일 강 하류는 인류의 4대 문명 발상지 중의 하나로 손꼽힌다. 하지만 우리가 중·고등학교에서 배우는 정도만으로는 나일 강 일대가 어떻게 문명 탄생의 장소가 될 수 있었는지를 이해하기에는 크게 부족해 보인다. 이제 역사의 시계를 수천 년 전으로 돌려서 나일 문명이 생성되던 시대로 돌아가 보자.

인류 문명이 언제 처음 탄생했는지에 대해서는 아직도 학자들에 따라서 의견이 다소 다르지만, 4대 문명 발상지 중 나일 강에서 최초로 문명이 탄생했다고 보는 학자들이 많은데 그 시기는 대략 기원전 4000~5000년 정도로 추정된다. 당시는 지질사적으로는 플라이스토세(Pleistocene Epoch, 홍적세)의 마지막 빙하기인 뷔름(Würm) 빙하기가 물러가면서 기온이 서서히 상승할 즈음이었다. 이처럼 기후가 따뜻해지면서 사람들은 나일 강 주변에서 농사를 짓기 시작했는데 나일 강의 풍부한 물이 농사에 큰 도움이 되었던 것은 물론이다. 다른 고대 문명 발상지에서와 마찬가지로 나일 강 유역도 농업의 발달이 문명 탄생을 이끌어서 기원전 3500년경에는 국가가 성립되기에 이른다. 역사책에서는 이 나라를 고제국(古帝國)이라고 한다.

나일 강 주변에는 지금도 사막이 펼쳐져 있는데 나일 강의 주기적인 범람은 이 일대에서 관개사업을 벌이는 데 커다란 도움이 되었다. 따라서 농산물 생산이 증대되고 인구가 늘어나면서 고도의 문명이 발달할 수 있었던 것이다. 나일 강은 근접한 평야 지대를 항상 적셔서 왕골과 유사한 파피루스(Papyrus)라는 식물의 재배에 용이했다. 파피루스는 종이의 원료로 쓰였는데 영어의 '페이퍼(paper)'라는 단어가 여기에서 비롯된 것이다.

이집트가 통일된 시기는 기원전 3000년경으로 이 시기는 나일 강이 정기적으로 범람하던 풍요로운 시절이었다. 북위 25도의 아열대 지역인 나일 계곡에는 계절적으로 서늘한 바람이 불었는데 그런 반복적인 서늘한 기후가 나일 강의 홍수를 조절해서 고제국 성립에 커다란 도움이 되었다. 당시 범세계적으로 나타났던 그런 서늘한 기후는 고제국이 멸망할 때(기원전 2300년)까지 계속되었다.

고대 이집트 문화는 그처럼 더운 계절과 서늘한 계절이 반복되는 기후에서 급속히 발전하였고, 특히 미술 공예품 생산이 증가했다. 나일 강 유역에는 인간이 정착하기에 좋은 토지들이 넓게 퍼져 있어서 많은 인구를 수용할 수 있었으며 게다가 지중해 쪽으로 돌출한 나일 강 하류의 삼각주 지역은 나일강의 주기적인 범람으로 그 면적이 점점 더 늘어났을 것이다.

그러나 중제국(中帝國)이 형성될 무렵인 기원전 200년 이후부터 나일강 일대의 기온은 급속히 상승하기 시작하였고, 그 결과 나일강 상류에서 수분 증발이 극심해지면서 수량도 많이 감소했다. 서늘한 기후가 불러왔던 계절적 강우 현상이 중단되면서 나일 강의 범람 역시 멈춰버렸다. 더욱이 오랜 평화시대가 계속되면서 일부 상류계층의 극심한 낭비로 말미암아 경제가 크게 악화되고 사회체제 역시 급속히 붕괴되기에 이르렀다. 급기야 적기에 관개공사를 하기도 어렵게 되면서 농업생산성 역시 크게 떨어졌다.

이집트의 파라오도 기후변화에는 어쩔 도리가 없었다. 사람들은 갑작스레 도래한 기온상승에 대한 대응책으로 먼저 동굴을 팠는데 그 속에 물을 넣어두고 식수로 사용하기 위해서였다. 나일 계곡에서 조금만 밖으로 나가면 아무도 살 수 없는 사막이 펼쳐져 있을 뿐이었다. 물을 얻기 위해서는 수십 미터 깊이로 우물을 파는 수밖에 없었다. 모름지기 그 일에 매달리지 않으면 초목은 물론이고 동물의 생존도 바랄 수가 없었다.

이런 나일 문명의 흥망을 결정짓는 가장 중요한 요인은 결국 기후

조건이었다고 할 수 있다. 처음 빙하기가 물러난 이후의 따뜻한 기후가 나일 강 일대에 사람들을 불러 모았고 이후 계절적인 서늘한 기후의 반복은 나일 강의 주기적인 범람을 가져와서 농업생산성을 크게 증대시켰다. 강력한 왕권국가가 탄생하고 거대한 피라미드와 스핑크스가 건설될 수 있었던 것은 결국 이런 농업 발전이 뒷받침되었기 때문이다. 하지만 중제국 시기에 이르면서 나일강 일대의 기후는 크게 변했는데 그동안 온화했던 기후가 찌는 듯한 더위로 바뀌면서 더는 나일강의 범람을 기대할 수 없게 되었다. 더운 기후는 급기야 농업의 파탄을 초래했고 그런 농업의 붕괴는 왕조의 멸망으로 이어졌다. 기후 때문에 문명이 탄생하고 문명이 붕괴한 것이다.

🖋 중국 진나라의 흥망에도 기후의 비밀이…

기원전 403년~221년, 중국은 전국시대였다. 그 무렵 항하 서쪽 고원에 발달한 진(秦)나라는 그전까지 한랭하던 기후에서 벗어나 온난한 기후로 들어섰다. 따라서 사람들이 살기에 좋아졌고 식량도 넉넉해져 인구도 증가했다. 반면에 양쯔 강 이남에 있던 초(楚)나라는 무더워지면서 사람들이 살기가 어려웠다. 국력이 커진 진나라는 초나라의 북쪽 경계를 넘어 침공했고, 이어서 동쪽에 위치한 위(魏)·조(趙)·주(周) 등 황하 동쪽을 쳐나갔다. 진나라의 정복욕은 연(燕)과 제(齊) 나라까지 미쳐서 중국 각지에 전란(戰亂)이 그칠 새가 없었다.

당시 중국 북쪽에 있던 흉노(匈奴, 몽골 고원에서 활약하던 기마 민족) 는 세력을 확장해 자주 황하 유역을 습격하였는데 진나라 시황제는

● 중국 진시황제가 증축하여 완성한 만리장성. 진나라의 국력은 온난한 기후에 힘입어 크게 신장됐다.

장군 몽염에게 30만 대군을 주어 흉노를 황하 북쪽으로 쫓아 버리고 중국을 통일했다. 북쪽으로 쫓겨난 흉노의 남하를 막기 위해 진시황제는 기존의 성들을 연결해 그 유명한 만리장성을 완성했다.

하지만 북방 오랑캐의 침입을 막은 것은 비단 만리장성만이 아니었다. 기후가 점점 따뜻해지면서 동호(東胡, 동부 내몽골 지역에 출현하였던 수렵 유목민)와 흉노 같은 북방 이민족들은 굳이 만리장성을 공격하는 대신 북방, 고원지대로 이동하여 새로운 거처를 마련하였던 것이다. 만리장성은 오히려 그 후에 중국의 방어에 더 긴요하게 쓰였는데, 특히 진나라에 이어서 중국을 통치한 한(漢)나라 때 흉노의 침입을 막는 데 크게 기여하였다.

진시황은 만리장성을 넘어 끝까지 오랑캐를 추격할 작정이었지만 화남 지방의 월족(越族) 정벌에 지나치게 힘을 쏟았던 나머지 여행 도중에 병을 얻어 50세로 생애를 마쳤다. 유교를 탄압하고 의약 서적과 복술서(卜術書)만을 남기고 다른 모든 책을 불사르기도 했던 진나라는 내우외환이 겹쳐서 통일 후 겨우 15년 만에 멸망하고 말았다. 그러나 진나라가 확립한 중앙집권제는 그후 2000년 동안 중국 국가체제의 기초가 되었다.

제2한기가 물러나면서

인류 역사상 가장 넓은 영토를 장악했던 나라는 몽골 민족이 세운 원(元)나라였다. 몽골 민족은 불과 70년 만에 마치 질풍과 같이 중국을 비롯한 동아시아 전역(일본 제외) 그리고 중앙아시아, 동유럽의 대부분을 정복하였는데 그들이 어떻게 단시간에 초거대 제국을 이룩할 수 있었는지에 대해서는 지금도 논란이 끊이지 않고 있다.

몽골의 전성기였던 13세기는 제2한기가 완전히 물러간 시기였다. 이는 미국 학자들이 알래스카 유콘(Yukon) 지역 만년설을 분석하면서 일반에게 알려졌다. 다시 말해서 만년설의 각 층 속에 존재하는 탄소화합물들의 연대를 방사성탄소(C^{14}) 연대측정법으로 면밀히 측정했던 결과 12세기경에 이르러 북반구 전역에서 온난한 기후가 나타났던 것으로 밝혀졌다.

미국 학자들에 따르면 기원전 3800년에서 2400년까지 약 1400년 동안 범세계적으로 기온이 내려갔으며 따라서 이 시기에 만년설의 얼음이 급속히 성장했는데 이 기간을 제1한기라고 부른다. 제2한기는

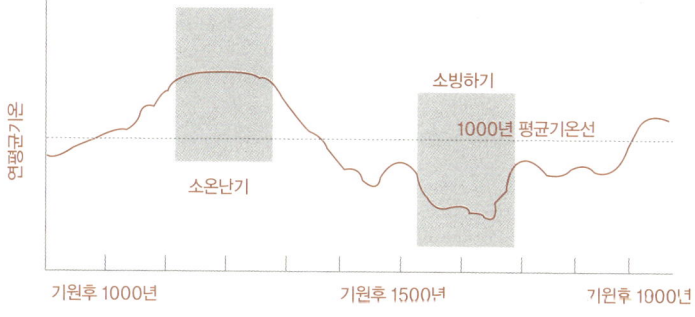

지난 1000년 동안 북반구 지역의 기온변화 추세

기원전 1300년에서 기원전 200년까지 약 1200년 동안에 걸쳐 있었다. 그리고 기원후 1500년부터 1900년까지 다시 추운 시기로 접어드는데 이 시기를 제3한기라고 부른다 (오늘날의 우리는 제3한기 이후 시대에 살고 있다. 따라서 현재 우리가 목격하는 지구온난화현상이 최근 화석연료 사용 증가에 기인하는 것이 아니라 이런 장기적인 기후변화 사이클의 한 부분에 불과하다는 주장도 있다).

제2한기가 마감되면서 알타이 산맥의 눈이 녹아 물이 풍성해지자 몽골 사람들의 생활은 활기를 띠었고 따라서 인구도 급격히 증가했다. 그들은 말을 타고 수렵을 했으며, 가축의 먹이를 구하러 다녔는데 그 결과 몽골 영토는 북으로 계속 확대되었다.

당시 중국을 지배했던 금(金)나라는 통제력이 약해져 그 힘이 멀리 북방까지는 미치지 못했다. 금나라의 탄압은 몽골의 한 부족인 국경 근처에 거주하는 타타르(Tatar)족에 집중되어 있었으므로 몽골은 금나라와 협력하여 타타르를 정복했다. 그 싸움에서 이긴 몽골의 모든 부족은 칭기즈칸을 왕으로 추대했는데, 그는 몽골 고원의 오논 강변에서 즉위했다. 그때가 1206년이었다.

이 시대의 기후를 살펴보자. 기원후 900년부터 1200년 사이에 라플란드(스칸디나비아의 북부 지역)와 알래스카의 빙하가 후퇴하기 시작했다. 그 결과 범세계적으로 한동안 따뜻한 기후가 형성돼 아시아 초원의 인구가 급증했다.

그런데 1200년부터 북반구의 따뜻한 기후가 갑자기 끝나고 대신 한파가 몰려왔다. 황막한 초원을 무대로 삼던 몽골 민족은 살길을 찾아 남하할 수밖에 없었고 그런 임무를 등에 업은 칭기즈칸은 당시 중앙아시아 지역에서 번성했던 이슬람 국가 호라즘을 치기 위해 대원정에 나서 일거에 멸망시켰다.

여기서 큰 의미를 갖는 사건이 벌어졌다. 1229년에 몽골 제국은 수도인 카라코룸부터 호라즘의 수도인 사마르칸트까지 위도로 약 10도(800킬로미터)나 남하했다. 그 사이에 몽골 초원은 추워지고 물이 말라 광활했던 풀밭이 줄어들었다. 푸른 풀밭이 끝없이 펼쳐진 중앙아시아를 사랑해 죽을 때까지 고향(러시아 바이칼 호 근처)으로 돌아가지 않은 칭기즈칸은 몽골의 기후가 악화되고 있다는 것을 직감으로 알았던 것 같다.

몽골인은 중국으로 남하하는 것을 잠시 늦췄다가 1210년부터 두 파로 나뉘어 다시 남하하기 시작했다. 그중 한 파는 만리장성을 넘어 타이위안[太原]에 이르고, 다른 파는 만리장성 북쪽을 돌아서 대도(大都, 지금의 베이징)에 이르렀다. 나중에 칭기즈칸이 죽은 뒤에도 몽골인은 남하를 계속했다. 몽골인은 오스만 제국 유목민과 함께 북위 20도까지 남하했는데, 따지고 보면 결국 기후변화가 몽골인의 등을 떠민 셈이다.

추워진 기후가 불러온 아일랜드의 비극

아일랜드라는 나라는 서구인에게 묘한 정취를 불러일으키는 나라이다. 지역적으로는 영국에서 서쪽으로 제주도만큼 떨어져 있는, 인구 400만 명의 작은 도서국가이지만 현대화에서 빗겨난 자연환경을 간직하고 있어서 유럽인들이 가장 가고 싶어하는 관광지로 각광받고 있다.

그런가 하면 서구인들은 아일랜드인의 기질을 반항적이고 다혈질적인 성격이라고 하는데, 우리나라 경상도 남자들의 성격과 비슷하다고나 할까?

아일랜드에 관해 우리가 알아야 할 또 하나의 상식은, 아일랜드는 물론 미국과 캐나다에서는 '성패트릭데이(St. Patrick's Day)'라고 해서 매년 3월 17일이면 온통 초록색으로 치장한 아일랜드인들의 축제가 열린다는 사실이다.

마지막으로 지난 세기 말에 세계에서 가장 유명한 테러 집단의 하나로 'IRA(아일랜드 공화국군)'라는 무장단체가 맹위를 떨쳤다는 사실을 여러분은 아는지 모르겠다.

그러면 이 네 가지 사실은 어떤 관련이 있을까? 아일랜드는 영국 바로 옆에 있는 작은 나라인데, 이미 12세기경부터 영국의 부분적인 식민 지배를 받았으며 17세기에 들어서는 아예 본격적인 식민지가 되어버렸다.

영국의 식민 지배는 과거 우리나라가 일본의 통치를 받았을 때처럼 아주 가혹했는데 그 결과 아일랜드에는 대농장을 경영하는 농업지주들이 등장하였고 환금성 작물과 수출용 가축 생산이 증가했다. 말하자면 근대 농업이 시작된 셈인데 당시 영국이 산업혁명으로 국위가 신장되고 인구가 증가하자 아일랜드가 영국을 위한 식량생산 기지로 전락한 것이다.

이렇게 되자 무릇 모든 식민지 국가들이 그러하듯 아일랜드인들의 생활도 점차 빈곤의 길을 걸을 수밖에 없었다. 지주들은 땅을 잘게 나눠 소작농들에게 임대하고 높은 임대료를 챙겼다. 영국의 섬유산업이 급신장하면서 그나마 남아 있던 아일랜드의 목화산업과 가내수공업은 도산을 면치 못하게 되었다. 이런 상황에서 대부분의 아일랜드인들은 먹을 것을 얻기 위해 감자 재배를 늘리는 수밖에 없었다.

감자는 17세기 아일랜드에 처음 유입된 이래 생산량이 점점 더 늘어나서 연간 생산량이 1400만 톤 수준에 이르렀는데, 그중에서 47퍼센트가 식량으로 소비되었고 35퍼센트는 가축사료로 사용되었다. 당시 850만 명 인구의 4분의 3에 달하던 소작민들에게 감자는 거의 유일한 에너지원이었다.

아일랜드의 비극은 1845년에 갑자기 찾아왔다. 그해 여름에는 기온이 내려가고 안개 끼는 날이 많았는데 여기에 3주씩이나 계속해서 비가 내렸다. 이런 날씨야말로 감자 재배에는 최악이었는데 땅속에서 영글어가던 감자들이 검게 썩어들기 시작했다. 설상가상으로 나쁜 날씨 때문에 식물의 생장이 더뎌지자 감자페스트로 불리던 마름병이 돌기 시작했는데 이 병은 향후 수년 동안 아일랜드의 감자 농사를 초토화시켜버렸다. 이듬해에도 지속된 장맛비가 마름병의 확산을 촉진시켰던 것이다.

사정이 이렇게 되자 아일랜드인의 생활은 극도로 비참해졌다. 도처에서 기아와 영양실조로 쓰러지는 사람들이 늘어났는데 1847년에는 티푸스와 발진티푸스까지 발생해서 아일랜드 전역을 휩쓸었다. 1847년까지 이런 이유로 사망한 사람이 무려 200만 명을 넘어섰다고 한다.

아일랜드인들은 살길을 찾아서 너도나도 이민 행렬에 동참했는데 1845년부터 1855년 사이에 200만 명 이상이 이민을 떠났으며 그 대부분은 미국행을 택하였다. 오늘날 본토보다 미국에 세 배나 더 많은 아일랜드인이 살게 된 것은 이런 이유 때문이다.

19세기 중엽 850만 명에 이르던 아일랜드 인구는 기아에 따른 사망과 이민으로 그 후 절반으로 감소했다. 그리고 이런 끔찍한 사태를 직접 경험했던 아일랜드인들은 지금도 여전히 과거를 기억하며 자신들의 뿌리를 잊지 않기 위해 성패트릭데이라는 행사를 벌이는 것이다. 이날 그들은 아일랜드 상징인 초록색으로 옷, 모자, 신발, 심지어 맥주까지도 물들인다.

오늘날 영국인들에 대한 아일랜드인들의 배타적인 감정은 우리의 대일(對日) 감정보다 훨씬 더 지독하다. 지난 1990년대까지만 해도 영국을 공격했으며 요즈음에도 아일랜드와 영국의 축구경기에서 관중석 분위기는 일촉즉발 그 자체다. 왜 그러할까?

1845년 대기근 당시, 영국은 자신의 식민지인 아일랜드를 돌보는 데 철저히 무관심하였다. 영국정부는 당시에 벌어졌던 크림전쟁을 위해서는 7000만 파운드나 되는 막대한 돈을 썼던 반면 아일랜드인들을 돕는 데는 1000만 파운드도 쓰지 않았다고 한다. 무려 200만 명이 죽고 그만큼의 사람들이 살길을 찾아서 이민 길에 올랐음에도 불구하고 말이다.

이런 아일랜드의 비극은 1845년 감자 농사를 망치게 했던 궂은 날씨가 도화선이 되었다. 기후변화가 한 국가를 어떻게 구렁텅이로 몰아넣을 수 있었는지 아일랜드 사태가 분명히 보여준다고 하겠다.

생물다양성 감소 문제를 재론한다

지구종말시계가 전달하는 종말론

지구종말시계라는 것이 있다. 영어로는 무시무시하게 'doomsday clock(둠스데이 클락)'이라고 하는데 둠스데이란 『성경』의 요한계시록에서 말하는 최후의 심판일이다. 인류와 지구의 멸망이 언제인지를 알려주는 시계가 바로 지구종말시계인데 이 시계는 현재 자정 7분 전을 가리키고 있다고 한다. 이런 뉴스를 접하면 누구나 다 인류가 머지 않아 멸망할 것이라고 생각하기 십상이다. 더욱이 일개 점쟁이가 아닌 내로라하는 과학자들이 설정한 시각이 그러하다니 그 신빙성에는 의심의 여지가 없어 보인다.

그런데 정말 멸망의 날은 머지않은 걸까? 지구종말시계가 처음 등장한 것은 1947년인데 미국 시카고대학교의 핵물리학자들이 핵전쟁으로 지구가 멸망할 것을 우려해 현재의 상황이 그런 종말에 얼마나 가까워져 있는지를 대중들에게 쉽게 알리기 위해 설정하였다. 말하자면 처음부터 명백한 정치적 의도를 가지고(물론 그 의도는 좋은 목적에서 비롯되었다) 출발했다고 할 수 있는데, 지난 반세기가 넘는 기간에 이 시계의 바늘은 열일곱 차례 움직였다고 한다. 1947년 이 시계는 처음에 자정 7분 전을 가리켰다. 그러다가 1949년 소련이 원자폭탄 개발에 성공하면서 자정 3분 전으로 당겨졌고, 1953년 미국과 소련이 9개월 차이를 두고 각각 수소폭탄 발사 시험에 성공하자 자정 2분 전까지 다가섰다. 이후에도 세계정세 변화에 따라 자정에서 좀더 멀어지기도 하고 또 좀더 가까워지기도 했는데 현재의 시각 자정 7분 전은 2002년에 설정된 것으로 이후 그대로 유지되고 있다. 지구종말시계가 가리켰던 가장 안정된 시각은 1991년에 가리켰던 자정 17분 전으로 이 해에 미소 양대국은 전략핵무기감축협정(START)을 체결하였다.

보통의 시계가 통산 12시간 또는 24시간 범주에서 시각을 가리키는 것과 달리 지구종말시계는 이제까지 자정 2분 전에서 자정 17분 전까지 겨우 15분의 범주에서만 움직였다. 따라서 현재 시각 자정 7분 전을 두고서 핵전쟁 가능성을 평가한다면 지금 시대는 지난 반세기가 넘는 기간 중에서 대략 평균적인 위험을 나타낸다고 할 수 있다.

하지만 이런 전후 사정을 제대로 알지 못하는 사람이라면 "지구종말시계가 현재 자정 7분 전을 가리키고 있다."라는 뉴스 그 자체를 커다란 충격으로 받아들일 수 있다. 사람들이 미래에 대해서 막연히 비관적으로 생각하는 데는 이런 언론의 자극적인 보도가 한몫하는 것이다.

환경위기론 역시 그 전후 사정을 제대로 파악하지 못하고 들으면 사람들이 쉽게 오해할 수 있다. 지구종말시계와 마찬가지로 현 상태가 대단히 위험하며, 또 설령 우리가 최선의 노력을 다 기울인다고 해

자정 몇 분 전

지난 반세기 동안 지구종말시계가 나타낸 분침 위치

도 환경의 질은 점점 더 나빠지기만 할 뿐이라는 잘못된 메시지를 전
달해 대중을 충격에 빠뜨리고 나아가 미래에 대해 비관적인 견해를
갖도록 하기 십상이기 때문이다.

아마도 그런 환경위기론 중에서도 가장 저급한 것이 생물다양성 감
소에 대한 왜곡된 보도일 것이다. 이제 생물다양성을 둘러싸고 난무
하는 각종 주장에 대해서 검토해보기로 하자.

 생물다양성 감소는 현실인가?

권위 있는 환경보고서인 「글로벌 2000」은 새로운 밀레니엄을 맞으며
전 세계적으로 매년 약 4만 종의 생물이 사라지고 있다고 발표했다.

매일 109종의 생물이 사라지는 셈이다. 그뿐만이 아니다. 이 시대 가장 유명한 생물학자의 한 사람인 에드워드 윌슨(Edward. O. Wilson)은 우리가 매년 2만 7000~10만 종의 생물들을 잃고 있다고 주장했다. 언론 보도를 잘 살피면 그보다 더 큰 수치들도 얼마든지 찾을 수 있다. 환경비관론의 전도사 파울 에를리히 교수는 1981년 우리가 매년 25만 종의 생물을 잃고 있다는 추정치를 제시하기도 하였다. 그는 서기 2000년까지 지구 상의 모든 생물종 중에 그 절반이 사라지고, 또 2010~2025년까지는 모든 야생 생물종들이 사라져버릴 것이라고 전망했다.

우리는, 생물종이 매년 감소하고 있으며 최근 들어서는 그 감소 속도가 점점 더 빨라지고 있다는 뉴스를 자주 접한다. 그리고 마치 지구 종말시계의 계시처럼 앞으로 언젠가는 생물종이 너무 많이 사라져 결국 인류도 생존하기 어려울 것이라는 비관적인 생각을 가진다.

하지만 과연 그러할까? 환경파괴와 환경오염 때문에 생물종의 수가 급격히 감소한다는 주장이 설득력을 가지기 위해서는 현재 지구 상에 얼마나 많은 종이 사는지를 분명히 밝혀야 한다. 그리고 과거 역사를 돌아봐서 현재와 같이 심각한 생물종 감소가 나타난 적이 있었는지도 확인할 필요도 있다. 만약 과거에 그런 적이 없었다면 작금의 생물종 감소 사태야말로 심각한 일이 아닐 수 없다.

그러면 먼저 지구 상에 사는 생물 종수에 대해 살펴보자. 우리는 때때로 현대과학에 대해 지나친 신뢰를 보내곤 하는데 유감스럽게도 과학은 현재 지구에 사는 생물종의 수가 얼마나 되는지 제시하지 못하고 있다. 겨우 추정치를 내놓는 정도인데 문제는 그런 추정치조차도 학자들이나 발표기관에 따라서 엄청난 차이를 보여서 200만 종에서 8000만 종 사이를 오락가락한다는 것이다.

이제까지 연구자들이 확인한 지구 상의 생물 종수는 다음 표에서 보는 것처럼 겨우 160만여 종에 불과하다. 그나마 그동안 조사된 생물들의 대부분은 딱정벌레, 개미, 파리 등의 곤충류와 벌레, 균류, 박테리아, 바이러스 등이다. 다만 대부분의 포유류

● 환경오염으로 인한 생물다양성 감소는 환경 비관론자들에게 또 하나의 화두가 되고 있다.

와 조류들은 다 밝혀졌다고 할 수 있는데, 그것은 그들의 몸집이 커서 쉽게 알아볼 수 있기 때문이다. 하지만 곤충류보다 작은 미소동물(微小動物)들에 대한 우리의 지식은 대부분 단편적인 것에 지나지 않으며 그런 동물들의 특징 역시 거의 알려져 있지 않다.

그런데 과학자들이 지구 상에 서식하는 생물종이 얼마나 되는지를 모르는 것보다 더 한심한 일이 있는데, 바로 현재 멸종한 생물종이 얼마나 되는지에 대해서도 일치된 의견을 찾기 힘들다는 것이다.

생물진화나 고생물학을 전공하는 과학자들은 지금까지 존재했던 모든 생물종의 95퍼센트 이상이 과거에 이미 멸종된 것으로 추정한다. 한 생물종이 생존하는 기간은 대체로 100만~1000만 년 정도라고 하는데, 이 수치를 현재 확인된 160만 종에 대입시켜보면 대략 10년마다 약 2종의 생물들이 자연스럽게 멸종하는 것이 된다. 그런데 다

분류군	대략적인 종수	1600년 이후 멸종 건수
척추동물	47,000	321
포유류	4,500	110
조류	9,500	103
파충류	6,300	21
양서류	4,200	5
어류	24,000	82
연체동물	100,000	235
갑각류	4,000	9
곤충류	1,000,000	98
유관속 식물군	250,000	396
총 계	약 1,600,000	1,033

1600년 이후부터 지금까지 알려진 생물 종수와 멸종 건수

음 표는 1600년 이후 지난 4000년 동안 10년마다 약 25종의 생물들이 멸종했음을 보여주고 있다. 이런 점에서 본다면 현대의 생물종 감소가 작은 일이 아니라는 것이 명백하다.

그런데 그것이 다가 아니다. 우리는 위의 표에서 서식 생물종 수로는 전체 생물종의 3퍼센트에도 미치지 못하는 척추동물문에서 전체 멸종 건수의 3분의 1 정도가 멸종되었으며 또 그중에서도 포유류와 조류의 멸종 건수가 특별히 많다는 것을 알 수 있다. 왜 그런 것일까?

그 이유는 근래 들어서 생물학자 수가 많아지고 또 조류학자나 동물애호가가 많아지면서 그들이 더 많은 멸종 사례를 관찰할 수 있었기 때문으로 보인다. 물론 멸종률이 과거에 비해 최근 훨씬 더 증가한 것이 사실이지만 그렇다고 해서 언론에 보도된 멸종률 수치를 그대로 믿어서도 안 될 것이다.

그러면 매년 4만 종의 생물들이 멸종한다는 추정치는 어디에서 나온 것일까? 이 수치를 처음 제시한 사람은 노먼 마이어스(Norman

Myers)라고 알려져 있는데 그는 1970년대 대표적인 환경 비관론자의 한 사람이다. 그가 1979년 자신의 저서에서 매년 4만 종의 생물이 지상에서 사라진다고 발표했고 이후 사람들은 너도나도 그 수치를 이용하기에 바빴다. 그런데 만약 매년 4만 종의 생물이 사라진다고 하면 지난 사반세기 동안 이미 100만 종의 생물이 사라졌어야 했고, 그렇다면 앞의 표에서 제시된 현존 생물 160만 종 중에서 절반 이상이 이미 사라졌어야 한다. 한 사람의 무책임한 발표와 그런 잘못된 의견을 아무런 검증 없이 마구 인용하는 것이 얼마나 무서운 결과를 초래할 수 있는지 우리는 여기서 충분히 알 수 있을 것이다.

이제 생물종 멸종의 과거 기록들을 살펴보기로 하자. 인류는 처음 탄생하였을 때부터 생물 멸종에 중요한 역할을 했는데 원시수렵기에 해당하는 마지막 빙하기 무렵에 이미 약 33개 주요 과의 포유류와 조류가 멸종되었다고 한다. 과라는 분류단위는 개와 늑대를 개과라는 한 과에 포함시키고, 고양이·사자·호랑이 등은 모두 고양잇과에 포함시킨다. 이렇게 본다면 이미 선사시대에 인류는 전체 포유류와 조류의 몇 분의 1을 멸망시켰던 것이다. 그 이전 약 150만 년 동안에는 겨우 13개 과의 동물들만이 멸종했다.

인류의 생물종 멸종 사례는 역사시대(문자로 쓰여진 기록이나 문헌 따위가 있는 시대)에 들어서서도 쉽게 찾아볼 수 있다. 남태평양의 폴리네시아인들은 지난 1만 2000년 동안 태평양에 흩어져 있는 800여 개 섬들 대부분을 개척해 거주지로 삼았는데 그 과정에서 새들을 사냥해서 식용했다. 그러면 폴리네시아인들은 얼마나 많은 생물종을 멸종시켰을까? 최근 고고학적 연구에 따르면 폴리네시아인 주거지 발굴

현장에서 찾아낸 멸종된 조류 수가 무려 2000종이 넘는다고 한다. 이는 전 세계적으로 현존하는 모든 조류의 20퍼센트 이상에 해당한다.

🍃 멸종 생물 종수를 추정하는 방법

그러면 생물학자들은 현재 얼마나 많은 생물종이 존재하는지도 잘 모르면서 몇 개의 종들이 멸종되는지를 어떻게 알 수 있을까? 그들은 만약에 열대우림이 파괴된다면 그 속에 사는 생물종들도 함께 멸종할 것이라고 주장한다. 그러나 이런 단순한 논리가 그처럼 과도하게 많은 멸종된 생물 종수를 만들어낸다는 지적이 있다.

세계야생동물기금협회 소속의 생물학자 토마스 러브조이(Thomas Lovejoy)는 1980년에 발간된 한 보고서에서 2000년까지 모든 종의 15~20퍼센트가 사라질 것이라는 마이어스의 주장을 되풀이했다. 이와 동시에 러브조이는 생물종 멸종 모델을 제시했는데 그 모델이 너무나 단순해서 대중들이 쉽게 믿게 되었다.

그는 생물종의 상당수가 열대 밀림에서 발견되는 것을 눈여겨보았다. 그래서 열대우림이 그냥 남아 있다면 아무 일도 일어나지 않겠지만 만약 우리가 열대우림의 나무들을 모조리 베어버린다면 모든 종들이 사라질 것이라고 가정하였다. 그래서 만약 숲의 절반이 벌목된다면 모든 종의 3분의 1이 사라질 것이라는 단순한 가정을 수립하였다. 이어서 그는 21세기에 들어설 때까지 20년 동안 열대우림의 50~67퍼센트가 사라질 것으로 추정하고, 그것을 모델에 대입시켜 약 33~50퍼센트의 생물종 감소를 예측하였다. 이 얼마나 간단한 추정인가! 러브조이는 열대우림에서 그 정도 생물종이 사라지면 전 세계적으로는 약 20퍼센트의 생물종이 줄어든다고 추정했는데, 21세기에 들어서고도 한참이 지난 오늘날에도 그런 생물종 감소의 증거는 어디에서도 찾아볼 수 없다.

이런 생물종 멸종 예측 모델은 사실상 1960년대 윌슨의 연구에 기초한 것이었다. 윌슨은 생물서식지의 면적이 넓으면 넓을수록 더 많은 생물종들이 존재한다고 주장하였다. 그는 외딴 섬에 사는 생물종의 수는 섬 면적이 90퍼센트 감소하면 서식하는 생물종 수가 절반으로 준다는 확실한 조사 결과를 얻었다.

하지만 문제가 그리 간단한 것은 아니다. 작은 섬에서나 합당한 이론을 열대우림처럼 광대한 삼림 지역에 그대로 적용하고자 한다면 그 타당성 여부에 좀더 신중을 기해야 한다. 작은 섬에서는 서식지 면적이 줄어들더라도 생물들이 도망칠 곳이 전혀 없다. 그렇지만 열대우림에서는 어떤 지역이 벌목으로 사라지더라도 많은 동식물들은 주변의 다른 열대우림으로 피할 가능성이 크기 때문이다.

이제 그런 실례를 들어보기로 하자. 현재 유럽과 북아메리카는 삼림이 비교적 풍부하지만 이런 삼림은 사실상 인위적인 것으로 현재는 원래 존재했던 원시림의 1퍼센트도 남아 있지 않다. 그 대부분이 지난 200년 동안 산불과 남벌, 개발 등으로 사라졌기 때문이다. 하지만 그렇게 삼림 대부분이 사라졌음에도 불구하고 멸종된 생물은 겨우 숲에서 살던 조류 1종뿐이었다.

최근에는 더욱 놀라운 연구 결과가 발표되었다. 미국 농무부 소속의 아리엘 루고(Ariel Lugo)는 푸에르토리코 섬에서 실시한 조사에서 지난 400년 동안 원시림의 99퍼센트가 사라졌다는 것을 발견했다. 그런데 과거에 서식했던 60종의 조류 중에서 '고작' 7종만이 멸종했고 현재도 97종의 새들이 산다는 것을 밝혀냈다. 이는 월슨의 경험법칙에 심각한 오류가 있다는 것을 의미한다. 더 놀라운 사실은 푸에르토리코의 원시림 면적이 거의 사라졌음에도 불구하고 서식하는 조류종수는 과거보다 더 많아졌다는 것이다.

✐ 왜 생물다양성 감소를 우려해야 하는가?

이제까지 설명한 것처럼 생물다양성 감소를 고발하는 대부분의 언론 보도들은 사실상 근거가 별로 없지만, 최근 들어서 생물종이 감소하고 있다는 점만큼은 사실이다. 따라서 우리는 생물종 감소에 대해 크게 우려할 필요는 없지만 생물다양성을 유지하는 것이 얼마나 중요한지 그 이유만큼은 분명히 알아야 한다.

1992년 브라질 리우에서 개최된 지구정상회담에서 기후변화협약과 함께 생물다양성보존협약이 체결되었는데 "인간 활동이 야기한 생물종의 멸종이 심상치 않은 속도로 계속되고 있다."라는 것이 그 주된 이유였다. 이 협약에 따라 전 세계 국가들은 생물종의 보전을 위한 정책을 집행해야 하는 의무를 지게 되었다.

그러면 우리는 왜 생물종을 보전해야만 할까? 이런 질문에 대해 생물학자들은 다음과 같이 대답한다.

첫째, 인간은 생물계의 한 부분으로 주변의 생물들과 함께 공존할 때 마음의 평화를 얻는다. 우리는 자연을 사랑하고 그 속에서 생활하는 동식물들에게 애틋한 마음을 가진다. 따라서 자연을 최대한 보호하고 야생의 동식물을 보전하는 일은 인류의 기본적인 사명이라고 할 수 있다.

둘째, 야생 생물종은 식량과 의약품 등 필수품의 잠재적인 공급자가 될 수 있다. 세계는 녹색혁명을 통해 농업생산성을 크게 증대시켰다. 그런데 새로운 농작물의 품종 개발은 녹색혁명에 크게 기여했는데 여기에는 자연에서 자라는 야생 품종들과의 교배가 적지 않은 역할을 하였다. 마찬가지로 열대지방의 식물들은 앞으로 새로운 의약품을 개발하는 데 가장 기본적인 원료로 그 중요성이 점차 커지고 있다. 자연보전은 이런 잠재적 자원을 보존한다는 의미에서 대단히 중요하다.

셋째, 거시적인 관점에서 본다면 지구 생태계 보전 차원에서 생물다양성을 유지할 필요가 있다. 원래의 자연 생태계는 오묘한 조화와 평형을 이루면서 유지된다. 그런데 환경오염과 개발로 이제 자연 생태계는 점차 파괴되고 있다. 그런데 유감스럽게도 우리는 점차 위태로워지는 자연 생태계의 평형이 언제 깨질지, 그리고 평형이 깨지면 어떤 재난이 초래될지 알지 못한다. 이런 상황에서라면 막연히 생태계 보전을 외치기보다 생물종 보전을 강조하는 것이 더 효과적이지 않을까?

여러분이 보기에는 생물종을 보전해야 하는 이유라는 것이 어쩌면 다소 빈약해 보일지도 모르겠다. 우리가 생물다양성 관련 뉴스에 크게 놀랄 필요가 없는 것은 바로 이런 이유 때문이기도 하다. 생물의 다양성 문제는 지구종말시계가 제시하는 불길한 계시처럼 항상 비관론을 전제로 유포되지만 현실의 생물종 감소 속도는 우리가 크게 우려할 만한 정도는 아니다. 생물학자로서 내가 연구했던 자연과 자연 생태계는 놀랄 만큼 강인하다. 그래서 설령 환경 오염과 파괴로 생태계 일부가 훼손된다고 해도 그 때문에 생물다양성 감소를 너무 심각하게 걱정할 필요는 없다는 것이 내 생각이다.

5장

과학, 우주와 인간의

메신저

경이로운 자연 생태계

🌀 인류 생존의 지혜를 모색하는 생태학

문자로 기록된 인류 역사는 제아무리 길게 잡아도 5000년 정도가 고 작이다. 그리고 그 역사 중에서 인류가 지금과 같은 물질적 풍요를 구 가하게 된 것은 겨우 한 세기 남짓한 정도이다. 18세기 후반부터 시작 된 산업혁명과 20세기 들어서 급격히 발달한 과학기술에 힘입어 산업 과 농업의 생산성이 높아지면서 인류는 비로소 기아와 궁핍에서 벗어 날 수 있었다.

하지만 그런 산업 발전 과정에서 인류는 함부로 자연을 파괴하고 훼손하는 일을 빈번히 저질렀다. 인구 증가와 그에 따른 공업화, 산업 화, 도시화가 진전됨으로 해서 수질과 대기를 심각하게 오염시킨 것 은 물론, 필요 이상으로 토지와 자원을 낭비해 자연을 크게 훼손하였 다. 골프장, 도로, 리조트 등의 마구잡이 건설로 산림을 파괴하였고, 어획량을 늘리기 위해 어린 물고기까지 마구 남획해 수산자원을 고갈 시켰으며, 농경지에 농약과 비료를 필요 이상으로 사용해 토질을 악화시키기도 하였다.

이런 갖가지 환경오염과 자연파괴 행위는 결국 인류의 생활에 악영향을 초래했으며 근래에 이르러서는 '자연의 보복'이라는 형태로 인류의 앞날에 어두운 전망을 던지고 있다. 지구온난화로 초래되는 기상이변현상이나 생물다양성의 감소와 관련이 깊은 신종 전염병의 확산 등이 가장 대표적인 예라고 할 수 있다.

하지만 20세기 후반에 들어와서 사람들은 그런 환경파괴와 환경훼손이 자연 생태계를 해치는 데에서 그치지 않고 결국은 우리에게 그 해악이 되돌아온다는 것을 깨닫게 되었다. 그 결과 자연과 인간의 관계를 밝히려는 생태학 운동이 활발하게 전개되었고, 그에 따라 생물과 환경의 관계를 다루는 학문인 생태학이 갑자기 세인의 주목을 끌게 되었다.

무릇 자연 생태계는 정교한 시스템을 이루고 있다. 자연을 이루는 많은 생물과 무생물들 사이에는 물질의 순환과 에너지 흐름이 끊임없이 존재하며, 이것은 그들 사이의 관계에 질서를 부여하는 동시에 순환과 흐름 자체를 통제하기도 한다. 이런 시스템을 생태계라고 하는데, 이 생태계는 전체로서 안정된 평형을 이루고 있다. 다시 말하면 지구상의 무수한 생태계, 즉 산림, 초원, 호수 등은 겉보기에는 아무런 변화도 없는 것 같지만 사실은 잘 짜인 내부 질서를 유지하면서 다른 한편으로는 시시각각 규칙적인 변화를 되풀이하는 것이다. 이런 주기적인 변화는 대홍수나 지진, 태풍 등의 천재지변으로 인해 이따금씩 심각하게 교란되기도 하지만 그런 격변이 지나면 어느새 제자리를 찾아 다시 원래 모습으로 되돌아가곤 한다.

환경 오염과 파괴는 이런 자연계의 질서를 장기적으로 또는 영원히 파괴하는 행위라고 할 수 있다. 사람도 엄연히 생태계의 한 구성원에 불과한 이상 유독 사람만 그 수가 크게 늘어난다면 결국은 생태계의 평형과 안정을 해치게 될 것이다. 설령 인구 증가만으로 그렇게 되기 어렵다고 해도 한 사람이 사용하는 식량과 자원의 양이 크게 늘어난다면 역시 같은 결과가 초래될 것이다.

과거에는 인구 1인당 사용하는 식량이나 자원의 양이 별로 많지 않았다. 하지만 과학기술이 점점 더 발달하면서 그 양이 늘어났는데 이에 따라 자원부족현상이 심화되고 자연환경을 파괴하고 훼손하는 일도 점차 증가되었다. 맥도날드 햄버거에 들어가는 쇠고기를 얻기 위해 아마존 열대우림을 파괴하고, 참치 통조림을 만들기 위해 남태평양 참치 어군의 생존을 위협하는 것이 그런 예가 될 것이다. 지금은 가난한 개발도상국에 불과하지만 인구 대국인 중국이나 인도가 언젠가 부자나라가 되면 그들 역시 고기를 더 많이 먹고 자동차를 더 많이 타게 되어 지구환경에 엄청난 압력을 가할 것이 분명하다.

그러면 이런 인간 압력과 간섭 속에서 지구 생태계가 얼마나 더 지탱할 수 있을까? 이 문제에 대한 해답을 구하려면 먼저 우리 주변과 국토, 나아가서 지구 전체 생태계가 어떻게 유지되는지에 대해 이해할 필요가 있다. 그리고 그런 생태계들이 현재 어떤 상태에 놓여 있는지도 알아야 하고, 또 인간이 저지르는 환경오염과 자연훼손으로 인해 어느 정도나 피해를 입는지에 대해서도 충분한 이해가 필요하다. 그런 바탕 위에서라야 비로소 우리가 생태계의 균형과 안정을 도모하기 위해서 어떤 노력을 해야 하는지를 알 수 있고, 또 그렇게 해서 인류의 안정된 미래를 보장받을 수 있을 것이기 때문이다. 생태학은 바로 이런 목적에 필요한 학문이라고 할 수 있다.

간단히 말하자면 생태학이란 인간도 그 한 부분일 수밖에 없는 자연 생태계를 대상으로 그 구조와 기능, 역할 등을 과학적으로 연구하여 그로부터 얻어지는 지식을 인류의 미래 생존을 위해 활용하고자 하는 학문이라고 할 수 있다. 이런 의미에서 생태학은 인류 미래를 책임지는 과학이라고 해도 좋을 것이다.

생태계는 위협받고 있는가?

생태학은 곧 생태계를 연구하는 학문이다. 그런데 생태계라는 단어는 우리가 중·고등학교 시절 생물 시간에 귀가 아프도록 들었던 만큼 누구에게나 익숙한 용어이고 또 각종 언론매체에도 번번히 등장해 친숙한 개념이기도 하다. 하지만 내가 생각하기에는 현재 이 '생태계'라는 단어만큼 사람들에게 잘못 이해되고 남용되는 말도 없는 것처럼 보인다.

최근의 언론 보도만 살펴봐도 생태계라는 단어가 얼마나 많이 쓰이는지를 쉽게 알 수 있는데, 그런 예를 기사 제목에서 몇 가지 찾아보기로 하자.

1. 까치, 도심 생태계 챔피언 부상… 생존 위해 인간까지 공격.
   (《국민일보》, 2006년 6월 8일자)

2. 남산 생태계가 살아난다. (《서울경제신문》, 2006년 4월 17일자)

3. 외래 동식물 백록담 위협. 토끼풀 · 붉은귀 거북… 생태계 교란 가능성. (〈조선일보〉, 2006년 3월 1일자)

4. "생태계 보존 VS 홍수 대비"… 금강 상류 제방 건설 논란. (〈세계일보〉, 2005년 11월 5일자)

5. 동강 토종 어류 잡아먹는 '무지개송어', '생태계 위해종' 지정 시급하다. (〈내일신문〉, 2005년 7월 5일자)

6. 순창, 개구리 100만 마리 방사. "생태계 복원 위해." (〈조선일보〉, 2005년 6월 3일자)

7. '생태계 보고' 난지도. 식물 12종 늘고 천연기념물 '귀향.' (〈한겨레〉, 2005년 5월 31일자)

위의 기사 제목들은 사실 그 자체만으로도 내용을 쉽게 유추할 수 있는데, 1번은 서울을 비롯한 대도시들에 까치 개체 수가 급격하게 증가해 사람을 공격하는 등 그 피해가 심각하다는 고발 기사이다. 그런데 까치 수가 많이 늘어나서 사람까지 해친다는 것과 도심 생태계는 도대체 무슨 관련이 있는 것일까? 또 제목처럼 서울과 같은 대도시의 도심에 자연 생태계라는 게 존재하기나 하는 것일까? 위 기사의 제목을 '도심에 까치 과다 번식, 심지어 인간까지 공격' 이런 정도로 하면 되지 않을까?

2번은 그동안 환경오염에 찌들었던 남산 생태계가 최근에 다시 살아나고 있다는 반가운 소식을 담고 있다. 그런데 남산 생태계가 살아났다고 했는데 그러면 과거 일이십 년 전의 남산은 죽은 생태계였다는 말인가? 그리고 여기에서 생태계가 살아났다는 것은 과연 무엇을

● 생태학은 자연 생태계를 연구해서
인류 생존의 방안을 모색하는 과학이다.

의미할까? 과거보다 동식물 개체수가 더 많아졌다는 것으로 남산 생태계가 되살아났다고 한다면 그런 생태계 회복이 서울시민들의 생활에는 어떤 혜택을 줄 수 있는 것일까?

3번에서 제시된, 외래 동식물이 많아져 전국의 주요 생태계들이 위협받는다는 기사는 4번 하천의 제방공사가 하천 생태계를 오히려 훼손시킬 수 있다는 고발과 마찬가지로 생태계 훼손을 우려하고 있다. 외래 농식물이 많아진 것은 남산도 마찬가지인데 2번 기사에서는 남산 생태계가 회복되었다고 하지 않는가? 그렇다면 어떤 경우에는 생태계 훼손이고 또 어떤 경우에는 생태계 회복인가?

5번은 빼어난 생태계 보전 지역으로 알려진 동강에 외래종인 무지개송어가 번식해서 토종 물고기들을 위협한다는 내용이고, 6번은 생태계 보전을 위해 순창군이 개구리를 100만 마리나 방사하겠다는 내용을 담고 있다. 그렇다면 무지개송어는 외래종이어서 우리나라 생태계를 해치는 주범이고 이와 반대로 개구리는 우리나라 토착종이어서 굳이 방사까지 하면서 보호해야 한다는 말인가?

7번은 불과 몇 년 전까지만 해도 쓰레기 산이라고 온갖 비난을 뒤집

어쓰던 난지도가 이제 생태계 복원의 대표적 사례가 되었다는 기사인데, 난지도가 그처럼 바람직한 생태계로 되살아날 수 있다면 우리는 왜 환경 오염과 파괴에 대해 그렇게 우려하는 걸까? 파괴된 자연들이 머지않아서 난지도처럼 새롭게 복원될 수 있는 것이 아닌가?

이런 언론 보도들은 모두 생태계라는 용어를 사용했지만 그 의미가 조금씩 다르고, 또 대부분 생태계가 훼손·파괴되는 것을 우려하는 논조가 주류를 이룬다. 그렇다면 생태계라는 것이 그처럼 연약한 존재이고, 우리는 생태계가 조금도 훼손되지 않도록 항상 전력을 기울여 보호해야 하는 것일까?

청계천 복원에서 다시 생각하는 생태계 문제

서울에 사는 사람들에게는 남산과 난지도의 생태계 회복도 관심거리겠지만 전국적으로 가장 널리 알려진 생태계 복원 사례는 분명 청계천 복원일 것이다. 그런데 서울시가 그처럼 자화자찬하고 언론에서 대서특필했던 청계천 복원을 생태학자의 입장에서는 어떻게 바라보아야 할까?

청계천 복원의 아이디어는 2001년에 일단의 시민환경단체 회원들이 처음 제기하였다. 2002년 서울시장 후보로 나섰던 이명박 씨가 이 제안을 받아들여 선거공약으로 삼았고, 그가 시장에 당선된 후 그야말로 전광석화처럼 사업이 추진되어 계획수립 기간 6개월, 실제 토목공사 기간 2년이라는 짧은 기간에 서울 도심에 번듯한 5.8킬로미터 하천이 생겨났다.

청계천 복원을 처음 구상했던 사람들은 새롭게 탄생하는 하천은 생태하천이 될 것이라고 공언하였다. 요즈음 '생태'라는 단어는 만병통치약처럼 쓰이는데, 이 용어가 접두어로 붙기만 하면 그 대상은 '자연 그대로의 모습을 지니는', 그래서 '자연 그대로의 기능을 수행하는' 귀한 존재로 일거에 승격해버리는 마법을 지녔다. 그래서 사람들은 생태하천이라고 하면 으레 잠자리가 날고 물고기가 노닐며 바닥에서는 가재와 고둥을 잡을 수 있는, 강원도 산골에서나 있음 직한 하천을 떠올리기 마련이고, 또 실제로 어떤 언론은 복원된 청계천이 생태하천이 될 것이라며 대서특필하였다.

그러면 복원 후 청계천 모습은 과연 어떠한가? 청계천변을 잠시라도 걸어보면 누구나 알겠지만 청계천은 철저하게 인공적으로 조성된 도심 하천이다. 복원된 청계천을 폄하하려는 것은 결코 아니다. 다만 처음부터 생태하천이 될 수 있는 조건을 하나도 갖추지 못한 상태에서 복원계획이 입안되었음에도 불구하고 굳이 생태하천이라고 이름 붙인 것이 잘못됐다는 걸 분명히 하고자 할 따름이다. 그런 이미지 조작은 아마도 이 사업에 대한 반대 여론이 많을 것에 대비해 환경단체들의 지지를 얻기 위해 필요했는지도 모르겠다.

그런데 더욱 유감스러운 일은 그런 생태하천의 명칭을 빌린 이미지 조작에 환경단체와 언론, 그리고 일부 전문가들까지도 쉽게 동조했다는 사실이다. 그뿐만 아니다. 지금도 전국 곳곳에서 추진되는 하천 복원사업들은 생태하천이라는 이름으로 포장되고 있다.

그러면 청계천이 꼭 생태하천이 되어야만 하는 이유가 있는 것일까? 상주인구가 1000만 명이 넘는 거대도시 서울의 한가운데에 하천의 총 길이라고 해보아야 겨우 10.8킬로미터 남짓한 실개천이 바로 원래의 청계천이다. 이 하천은 원래부터 건천(乾川)이어서 비가 많이 내리는 한여름을 제외하고는 물이 거의 흐르지 않았다. 1960년대 들어서 서울이 점점 더 복잡해지자 청계천 위를 아예 복개해서 자동차 도로로 활용하고 그 밑의 하천은 하수도로 쓰자고 해서 건설된 것이 청계고가도로였다. 따라서 청계고가도로를 허물고 청계천의 원래 모습을 되살린다고 해도 청계천이 생태하천의 모습을 가진다는 것은 애초부터 불가능했던 것이다.

그러면 복원된 모습이 생태하천의 조건을 갖추지 못했으므로 청계천 복원은 실패한 사업일까? 그것은 아니다. 청계천을 복원했을 때 만들어질 수 있는 하천은 지금의 모습일 수밖에 없다. 서울시민들이 원한 것은 한여름을 제외하고는 물이 흐르지 않는 원래의 청계천 모습이 아니라 사시사철 맑은 물이 흘러서 징검다리도 건너뛰고, 손을 담그고 싶은 그런 하천이었다. 이번에 복원된 청계천은 비록 생태하천과 거리가 멀지만 서울시민들이 원하는 바로 그런 '꿈의 하천'이라는 점에서 충분히 후한 점수를 줄 수 있다.

그런데 복원된 청계천을 두고 그것이 처음에 의도된 것처럼 생태하천이 되지 못했다고 비난하는 사람들이 있는 것 역시 사실이다. 이런 사람들에게는 설령 청계천이 그들의 이상대로 생태하천으로 만들어졌다고 해도 그 기능을 다할 수 없을 것이라는 점을 일깨워주고 싶다. 한번 생각해보라. 지금의 청계천 자리에 강원도 산골에서나 발견할 수 있는 자연의 모습을 그대로 가진 하천을 조성하는 게 과연 가능한 일일까? 아마 청계천 양쪽으로 몇백 미터 이내에 있는 모든 건물을 다

● 새롭게 단장한 청계천의 모습. 청계천은 이제 서울의 관광 명소가 되었다. ⓒ이창용

허물고 모든 도로를 다 폐쇄했을 때나 가능할지 모르겠다.

설령 그렇게 해서 생태하천이 만들어졌다고 하자. 그 작은 청계천에서 살 수 있는 물고기와 가재, 고둥이 과연 몇 마리나 될까? 그리고 그런 생물들이 서식한다고 해서 서울시민들은 어떤 혜택을 받을 수 있을까?

청계천이 생태하천으로 복원되고, 남산의 생태계가 원래의 모습을 찾았다고 해서 서울시민들에게 깨끗한 물과 맑은 공기를 제공하는 데 직접적인 도움을 주는 것은 아니다. 새로 단장한 청계천과 푸른 남산은 서울시민들에게 안락한 휴식공간을 제공하는 것에 그 본연의 기능이 있고, 그런 관점에서 청계천 복원은 나름대로 성공작이라고 할 수 있다.

생태계 평형, 이제는 자연의 힘에 맡겨야

나는 앞에서 요즘의 언론 보도가 생태계 훼손에 대해 지나치게 민감하게 반응한다는 점을 지적하였다. 그런 사례를 한두 가지 더 들어보기로 하자.

이제는 이미 지난 얘기가 되어버렸지만 불과 몇 년 전까지만 해도 우리나라에 들어온 황소개구리가 생태계를 파괴한다는 문제가 심심치 않게 제기되곤 하였다. 1994년 환경부 조사에서는 전북 고창군과 완주군 지역에서 논 1제곱미터당 황소개구리 성체가 6마리, 올챙이가 40마리나 발견되었는데 이런 정도의 서식밀도라면 그야말로 자연재해를 유발할 정도라고 해도 될 만큼 엄청난 규모였다. 그런데 2004년의 조사에서는 황소개구리의 서식밀도가 10년 전에 비해 1퍼센트에도 미치지 못했다. 왜 황소개구리들은 갑자기 사라져버렸을까?

아직 충분한 조사가 이루어진 것은 아니지만, 황소개구리가 그처럼 줄게 된 것은 그들을 잡아먹는 포식자들이 다양해졌기 때문이라는 것이 양서류 전문가들의 일치된 답변이다. 처음 황소개구리가 우리나라에 수입되었을 때는 그 커다란 몸집과 웅장한 울음소리, 불쾌한 냄새로 인해서 그것을 잡아먹는 포식자들이 거의 없었지만 점차 세월이 흐르면서 너구리, 족제비, 메기, 가물치, 백로, 물새, 뱀 등 다양한 포식자들이 황소개구리를 잡아먹게 되었다는 것이다. 비단 성체만 잡아먹는 것이 아니라 소금쟁이와 잠자리 유충들이 물위에 떠 있는 황소개구리알 즙액을 빨아먹거나 올챙이를 잡아먹는 것으로 나타났다. 이렇게 포식자가 많아지자 당연히 황소개구리 개체 수가 감소했고 이제 황소개구리에 대한 우려는 더는 들을 수 없게 되었다.

요즘 들어 정부의 대규모 국책사업에 환경문제를 들어 반대운동이 벌어지는 것이 아예 관례화된 듯하다. 서울외곽순환도로의 건설을 위해 사패산 터널을 뚫으려 하자 북한산국립공원 생태계를 해친다고 반대운동이 펼쳐졌고, 새만금 간척사업과 동강댐 건설사업에 대한 반대운동도 환경문제로 인해 벌어졌다. 가장 최근에는 경부고속전철 건설이 대구와 부산의 중간에 놓인 천성산의 습지를 파괴한다고 해서 반대운동이 맹렬히 펼쳐지기도 하였다.

그렇다면 한번 이렇게 생각해보자. 어느 지역에 도로나 철도를 건설할 때, 터널을 만들지 않기 위해서 산을 에둘러 도로나 철도를 놓는 것과 터널을 만들어 직선으로 도로나 철도를 개설하는 것하고 과연 어느 쪽이 생태계를 더 파괴하는 것일까? 도로나 철도가 생태적으로 민감한 지역을 지나게 될 때는 그곳에 사는 동물들이 도로와 철도를 넘다가 피해를 보지 않도록 생태통로(eco-bridge)라고 야생동물이 이동할 수 있는 다리를 만들어준다. 그런데 터널은 아예 생태통로를 따로 만들 필요가 없는 최선의 생태계 보전 방안임에도 불구하고 일부 환경보호론자들은 대책 없는 반대만을 일삼고 있다.

새만금 간척사업이 갯벌을 파괴해 해양생물에 피해를 주고 철새들을 쫓는다는 주장 역시 마찬가지이다. 간척사업이라는 것이 처음부터 갯벌을 토지로 개발하는 사업이니 그곳에 서식하는 조개를 비롯한 저서생물(해저에서 사는 생물)들이 없어지는 것은 당연한 일이다. 그런데 그런 당연한 일을 마치 절대로 일어나서는 안 되는 일인 양 몰아치는 것은 너무 지나친 발상이 아닐 수 없다.

이 사업의 반대론자들은 새만금 갯벌이 사라지면 우리나라에 도래하는 철새가 감소할 것이라고 주장하는데 그 역시 근거 없는 주장에 불과하다. 철새들이 바보는 아니므로 자신의 서식지가 사라지면 이웃 지역으로 날아가서 새로운 서식지를 찾을 것이 아니겠는가. 다행히도 새만금 주변에는 아직도 많은 갯벌이 남아 있다. 더욱 반가운 것은 그 동안의 간척사업들에도 불구하고 우리나라를 찾는 철새 수가 매년 더 늘어나고 있다는 사실이다.

이런 사례들은 우리가 생태계 안위에 대해 지나치게 과민반응을 보이고 있으며, 또 생태계를 인간이 함부로 범접해서는 안 되는 성스러운 존재로 간주하는 경향에서 비롯되는 현상이다. 하지만 생태계란 그처럼 연약한 존재가 아니기에 인간이 모든 개발행위를 억제하면서까지 보호만 해야 할 필요는 없다.

　과거에는 우리나라 자연이 너무도 헐벗고 초라해서 그것을 보호하고 가꾸는 데 전력을 다해야 했지만 이제 상황은 많이 달라졌다. 바로 우리 집 뒷동산만 해도 숲이 우거졌고, 그 동산의 산책길에서 수시로 꿩이 나는 것을 볼 수 있고, 뻐꾸기 소리를 들을 수 있지 아니한가? 우리가 미처 깨닫지 못한 사이에 우리나라의 자연 생태계는 과거와 비교할 수 없을 정도로 건강해진 것이다. 이렇게 건강성을 회복한 생태계라면 이제 생태계 훼손에 대한 우려를 어느 정도는 자제해도 좋다고 생각한다.

속담에 담긴 일기예보

조상들은 어떻게 날씨를 예측할 수 있었을까?

요즘도 그렇지만 옛날에도 하루 이틀 후의 날씨를 예측하는 일은 대단히 중요했다. 특히 농업 위주로 경제를 꾸렸던 지난 수천 년 동안 농사일의 성패를 전적으로 날씨에 의존할 수밖에 없었으므로 기상을 예측하는 일이 오늘날보다 훨씬 더 중요했다고 할 수 있다.

하지만 옛날 사람들이 온도계나 습도계 같은 기상측정 장비를 가졌을 리 없고, 또 설령 그런 장비를 가졌다고 해도 단지 한두 지역의 기상자료만을 가진다고 일기도(일기나 기상요소의 분포를 지도 위에 표시한 것)를 그릴 수 있는 게 아니었다. 오늘날과 같은 과학적인 일기예보가 실생활에 등장한 것은 그야말로 극히 최근의 일이다(일기도에 의존한 과학적인 일기예보의 역사는 겨우 150년 정도에 불과하다).

그러면 먼 옛날 우리 조상들은 어떻게 날씨를 짐작했을까? 옛날 사람들은 구름이나 동물의 움직임, 또는 피부로 느끼는 기온의 변화 등으로 일기를 점쳤다. 이제 속담에서 우리 조상들의 지혜를 살펴보자.

· 산이 멀게 보이면 날이 맑아지고, 가까이 보이면 비가 온다.

· 잘 들리지 않던 기차 소리나 종소리가 뚜렷이 들리면 비가 온다.

· 청개구리가 울면 비가 온다.

· 낚시터에서 물고기가 수면 위로 뛰어오르면 비가 온다.

· 제비가 낮게 날면 비가 온다.

· 아침에 무지개가 뜨면 비가 오고 저녁에 무지개가 뜨면 쾌청하다.

· 개미가 줄지어 이동하거나 땅 위로 지렁이가 나오면 비가 온다.

· 굴뚝의 연기가 곧게 피어오르면 맑고, 휘어지면 날이 흐려진다.

· 뭉게구름은 날씨가 맑을 징조이다.

· 하늬바람(서풍)이 불면 맑아진다.

· 산 정상에 구름이 덮이면 비가 온다.

· 새벽 별빛이 흔들리면 큰바람이 분다.

· 아침노을이 생기면 비가 내리고, 저녁노을이 생기면 날이 갠다.

· 햇무리나 달무리가 생기면 비가 내린다.

· 구름이 서로 반대로 흐르면 비가 온다.

· 귀뚜라미가 시끄럽게 울면 다음 날은 맑다.

· 아침에 개구리가 보이면 비가 올 가능성이 많고, 저녁에 개구리가 보
  이면 다음 날 맑다.

· 아침에 서리가 내려 있으면 그날은 맑다.

· 동풍은 날씨가 악화될 징조이다.

· 연기가 북쪽이나 서쪽 혹은 북서쪽으로 휘어지면 비가 내리고 남쪽
  으로 휘면 맑다.

· 겨울의 악천후는 오래 지속되지 않는다. 지속된다 하더라도 2~3일

이다.

- 가을에 해가 질 무렵 날씨가 차면 다음 날은 맑다.
- 가을비가 시원하게 느껴지면 좋은 날씨가 되고 무덥게 느껴지면 태풍이 접근 중이다.
- 서리가 내리고 따뜻해지면 곧 비가 올 징조이다.
- 봄에 남풍이 불면 눈사태가 일어난다.
- 봄 가을 겨울에 서풍이 불면 맑으나, 남풍이나 동풍이 불면 비가 올 징조이다.
- 한여름의 천둥은 3일간 지속된다.
- 해파리가 해안에 가까이 오면 태풍이 접근 중이다.
- 솔방울 비늘이 오므라들면 비가 온다.

날씨를 점치는 속담이나 속설은 이 밖에도 얼마든지 있지만 대체로 비슷비슷하다. 그러면 이런 속담들은 얼마나 신빙성이 있을까?

비가 내리기 전에 산이 가까이 보이고 기차 소리나 종소리가 더 잘 들리는 것은 공기 중의 습도가 높아지면 빛이나 소리가 잘 전달되는 데에서 기인한다. 이는 매체의 밀도가 공기보다 훨씬 무거운 물속이나 땅속에서 소리가 더 잘 전달되는 것에서 쉽게 이해할 수 있다. 그렇게 습도가 높다면 머지않아 비가 내릴 가능성이 높은 것은 사실이겠다.

아침에 무지개가 떴다면 그것 역시 공기 중에 작은 물방울이 많다는 증거니 그날 중으로 비가 올 확률이 높고, 산 정상이 구름으로 덮이면 비가 오지 않는 것이 오히려 이상한 일이다. 굴뚝의 연기가 곧게 올라간다는 것은 곧 고기압 상태를 의미하는데 고기압 하에서는 비가 올 리가 없으니 당분간 좋은 날씨가 지속될 것은 당연하다. 아침노을이 생기는 것은 공기 중에 수증기가 많다는 의미이니 비가 올 것을 뜻하고, 가을 저녁에 날씨가 차다면 찬 시베리아 기단이 가까이 있다는 것이니 다음 날 날씨가 맑을 것이 분명하다.

서리가 내리고 날씨가 따뜻해지면 찬 북쪽 기단과 따뜻한 남쪽 기단이 서로 부딪치는 경계면에 위치하는 셈이니 곧 비가 내릴 것을 짐작할 수 있다. 남동풍이 분다는 것은 습기를 듬뿍 담은 북태평양 기단이 몰려온다는 것이고, 날씨가 무더우면 곧 장맛비나 태풍이 몰려올 징조라는 것도 쉽게 이해할 수 있다.

우리 조상들은 생물들을 관찰해 날씨를 곧잘 예측하기도 했는데 이는 생물 역시 날씨에 민감하게 반응하기 때문이다. 주변을 조금만 유의해서 본다면 날씨를 짐작하는 게 그리 어려운 일도 아니다.

흐린 날 낚시터에서 물고기가 수면 위로 자주 뛰어오르는 것은 물고기들이 더 많은 산소를 섭취하기 위해서이다. 흐린 날은 햇빛이 부족해 물속에 사는 식물성 플랑크톤들이 광합성을 제대로 못 하는데 낚시터처럼 오염이 심한 곳에서는 물속에 녹아 있는 산소량(용존산소량)이 크게 부족해지기 때문이다. 용존산소량이 항상 풍부하고 깨끗한 하천에서는 물고기들이 흐린 날이라도 물 밖으로 뛰어오를 필요가 없는 것 역시 당연하다.

개미가 줄지어 이동하거나 지렁이가 많이 나타나면 비가 많이 올 징조라는 것은 이해하기가 훨씬 쉽다. 개미처럼 땅속에 사는 작은 동물들은 비가 많이 오면 집이 침수되기 때문에 미리 비를 피해 대피하는 것이고, 지렁이 역시 땅속이 젖으면 피부호흡이 곤란해지기 때문에 땅 밖으로 잠시 몸을 드러내는 것이다. 개구리가 울면 큰비가 온다는 말 역시 피부로 호흡하는 개구리가 사람보다 날씨에 더 민감하게 반응하는 데에서 기인한다.

해파리가 해안에 가까이 몰려오면 태풍이 접근 중이라는 말은 태풍의 진로가 바다에서 육지로 향하기 때문에 물에 떠서 사는 해파리는 자연히 물결에 떠밀려 해안에 나타나는 현상에서 기인한다. 귀뚜라미가 시끄럽게 울면 날이 맑다는 것은, 귀뚜라미는 양쪽 날개를 비벼서 소리를 내는데 맑은 날에는 습도가 낮아서 마찰력이 커지니 소리가 커지는 것이다.

서양의 날씨 예측도 우리와 비슷했다

이처럼 주변에서 벌어지는 현상으로 날씨를 예측하는 일은 비단 우리나라뿐 아니라 과거 서양에서도 마찬가지였다. 이제 서양의 날씨 관련 속담을 몇 가지 살펴보기로 하자.

서양에서는 주로 솔방울을 보고 날씨를 짐작했다. 여러분은 다음과 같은 두 가지 솔방울 형태 중에서 어떤 것이 맑은 날을 예보하는지 알 수 있는가? 솔방울은 아주 민감한 습도계 구실을 해서 습도가 낮고 맑은 날에는 왼쪽 솔방울처럼 비늘이 활짝 펼쳐진다. 하지만 습도가 높을 때는 비늘이 다시 접혀 오른쪽 솔방울같이 원래 모습으로 돌아온다. 우리나라에서는 가을철 솔방울들이 다 왼쪽 솔

● 습도에 따라 비늘이 벌어지고 오므라드는 솔방울.

● 맑은 날에는 꽃잎을 활짝 펼쳤다가 비가 오기 전에 꽃잎을 오므리는 별봄맞이꽃.

방울처럼 되는데, 가을이 바로 천고마비의 계절이 아니던가. 과거 서양에서 농부들이나 어부들이 오두막 천장에 솔방울을 매달아서 날씨를 예측하였다니 재미있는 발상이 아닐 수 없다.

우리나라 제주도와 전라도에서 찾아볼 수 있는 별봄맞이꽃 [*Anagallis arvensis*]은 맑은 날에는 꽃잎을 활짝 펼쳤다가 비가 오기 전에는 꽃잎을 오므려서 '가난한 사람들의 일기예보'라고 불린다. 요즘은 쉽게 찾아보기 어려운 나팔꽃 역시 별봄맞이꽃처럼 날씨를 예보하는 능력이 뛰어나다. 나팔꽃이 활짝 피면 맑은 날을 예보한다고 해서 서양에서는 'morning glory(모닝 글로리)'라고 부른다.

'소가 누워 있다'는 말은 소가 사람처럼 땅바닥에 등을 대고 있다는 말이 아니라 네 다리를 굽혀서 배를 바닥에 댄다는 말이다. 서양에서는 소가 누워 있으면 비가 올 징조라고 하는데 그것은 소가 공기 중의 습도 변화에 민감해서 비가 올 즈음이면 습기가 덜한 땅바닥에 몸을 누인다고 믿기 때문이다. 여러분도 여행할 때 목장을 지나치게 되면 소의 행동을 눈여겨보기 바란다.

바닷가에 사는 사람들은 해변에서 말리는 미역이나 다시마 같은 해

● 서양에서는 나팔꽃이 활짝 피면 날이 맑다고 해서 이 꽃을 '모닝 글로리'라고 부른다.

조류를 보고 곧잘 일기를 예측하고, 양을 치는 사람들은 양털이 얼마나 눅눅해졌는지를 보고 날씨를 예상하였다고 한다. 해조류나 양털은 모두 습기에 민감하게 반응하는데, 우리는 장마철에 부엌에 있는 미역과 옷장에 걸린 모직 옷이 눅눅해진다는 것을 경험으로 알고 있다.

서양에서는 도시의 공원이나 시골 마을 주변에서 다람쥐와 두더지를 흔하게 볼 수 있다. 그래서 서양 사람들은 다람쥐의 꼬리가 축 늘어지면 비가 온다는 것을 알아챘고 봄철에 두더지의 활발한 활동이 목격되면 앞으로 몇 주 동안 날씨가 좋을 것을 예견했다고 한다.

독일에서는 물푸레나무가 참나무보다 먼저 꽃을 피우면 그해에 표백(漂白)을 많이 하고, 참나무가 먼저 꽃을 피우면 세탁(洗濯)을 많이 한다는 속담이 전해진다. 이 말을 풀이하면 물푸레나무가 참나무보다 먼저 자라는 것은 고기압권이 북쪽으로 이동하기 때문인데, 그러면 독일의 여름이 건조해지므로 옷에 얼룩이 많이 져서 표백을 많이 하게 된다고 한다. 그 반대의 경우에는 해양성 기단이 강하게 내습하면서 비를 몰아오기 때문에 세탁을 많이 하게 된다는 것이다. 유럽의 몬순(계절풍)이 이런 기후 특성을 지닌다.

미국 위스콘신주에서는 참나무 잎이 다람쥐 귀만큼 컸을 때 옥수수를 심어야 하며, 옥수수 키는 미국의 독립기념일인 7월 4일에는 적어도 무릎 높이가 되어야 한다는 농민들의 지혜가 전해지고 있다.

화력학은 식물에서 기후를 예측한다

이렇게 속담이나 속설로 전해지는 날씨 예측을 과학적으로 분석하고 평가하는 학문이 실제로 존재한다. 식물생태학에는 오래전부터 식물의 성장 상태나 꽃피는 특성 등을 관찰·분석해서 앞으로 진행될 기상을 예보하는 화력학(花曆學)이란 분과가 있었는데, 최근에는 기상학의 발달로 과학적인 일기예보가 보편화되면서 이제는 연구하지 않는 학문이 되었다.

그런데 인공위성과 기상레이더가 24시간 대기의 움직임을 감시하고 일기예보에 슈퍼컴퓨터가 동원되는 오늘날에도 1, 2주 전의 기상을 정확하게 예측하는 일은 불가능하다. 더욱이 여름철 태풍이나 허리케인, 쓰나미 등 우리에게 심각한 피해를 미치는 기상현상을 예측하기는 더욱 어렵다. 사정이 이렇다면 우리는 화력학에 더욱 관심을 가져야 하지 않을까? 화력학의 발전을 바라는 마음에서 식물과 날씨의 관계를 알려주는 속설 몇 가지를 더 살펴보기로 하자.

▶ 가지 싹이 껍질을 쓰고 나오는 해에 봄에 서리가 많이 내린다.

온도가 낮고 토양수분이 부족할 때 가지 싹은 껍질을 쓰고 나오는 경향이 있다. 이동성 고기압이 빈번히 통과할 때 이런 현상이 나타나므로 이동성 고기압권 내에서 서리가 내릴 가능성이 크다.

▶ 대추, 석류 싹이 나온 다음에는 늦서리가 없다.

대추와 석류의 싹은 상당히 따뜻해진 후에야 나오므로 그 후에 서리가 내릴 염려가 없다.

▶ 백목련이 밑을 향하여 피면 비가 많이 온다.

목련꽃은 벚꽃보다 일찍 핀다. 꽃필 무렵의 전후 10일간의 날씨는 개화에 큰 영향을 미친다. 꽃필 무렵에 바람이 많이 불 경우 꽃이 옆을 향해 피고, 남풍이 많이 불 경우 북쪽을 향해 핀다. 남풍이 많이 분다는 것은 북태평양 고기압이 순조롭게 발달했다는 증거가 된다.

▶ 가지 꽃이 많이 피면 가뭄이 들고, 잎이 서면 맑다.

가지 꽃은 비가 오면 많이 떨어지지만, 가뭄이 들면 꽃이 많이 핀다. 또 날씨가 좋으면 잎줄기가 강해져서 잎이 똑바로 선다.

▶ 고구마 꽃이 피면 기상재해가 일어난다.

고구마는 단일식물(꽃이나 과실을 형성하기 위하여 일조시간이 일정 기간 이하가 되어야 하는 식물)로 여름철 낮 길이가 긴 우리나라에서는 꽃 피기가 힘들다. 그러나 늦더위가 심하고 일조시간이 짧은 해에는 드물지만 꽃이 필 때가 있다. 그러므로 고구마 꽃이 피는 때는 이상기상이 나타난 해로서 기상재해가 발생하기 쉽다.

▶ 배꽃이 많이 핀 해에는 홍수가 진다.

배꽃이 필 무렵 날씨가 좋으면 꽃이 많이 핀다. 이러한 해는 북태평양 고기압 세력이 강한 해로 태풍이 발생하기 쉽다.

▶ 감귤 꽃이 필 때 장마가 끝난다.

제주도 장마는 보통 6월 하순에 시작하여 7월 중하순경에 끝나는데, 감귤의 개화 시기가 7월 상중순이므로 장마 중이라도 감귤 꽃이 개화하면 곧 장마가 끝날 것을 예측할 수 있다는 뜻이다.

▶ 접시꽃이 줄기 꼭대기까지 피면 장마가 걷힌다.

접시꽃은 장마철에 피는데 줄기 밑에서부터 위로 피어올라 간다. 꽃이 피고 지는 시기가 장마 기간과 일치하는 경향이 있다.

▶ 갈댓잎에 마디가 생기면 큰물이 진다.

태풍이 통과할 때 바람 때문에 갈댓잎이 부러지면서 마디가 생긴다. 마디가 많을수록 태풍이 많이 내습한 것이므로 큰물이 날 우려가 있다.

▶ 사과, 배, 감 등 과일이 풍작이면 태풍이 온다.

여름 날씨가 좋을 때 과실이 많이 열리는데, 이런 때는 일반적으로 북태평양 고기압이 발달한 해로서 태풍이 불어올 확률이 높다.

▶ 느티나무의 발아가 고르지 않으면 늦서리가 내린다.

발아가 고르지 못한 것은 기상 변동이 크기 때문인데 그런 해에는 특별히 발달한 이동성 고기압이 많으므로 늦서리가 내릴 수 있다.

▶ 감나무에 감이 많이 열리면 겨울 추위가 심하다.

여름에 북태평양 고기압이 발달하여 기온이 높으면 열매가 많이 열린다. 여름 고기압이 발달하면 겨울 대륙 고기압도 발달하므로 겨울에 추위가 심해지는 경향이 있다.

▶ 가을에 무 껍질이 두꺼우면 겨울이 춥다.

외부 온도에 예민한 뿌리가 추운 날씨를 극복하기 위해 껍질이 두꺼워지는 상태로 예측하는 날씨이다.

▶ 보리 잎 폭이 좁고 길이가 짧은 해에는 눈이 많이 온다.

보리 싹이 나온 후에 예년보다 추우면 보리 잎의 폭이 좁아진다. 이런 해는 겨울이 춥고, 서해안 지방에는 대륙성 고기압이 발달해 눈이 많이 오는 경향이 있다.

▶ 무 뿌리가 긴 해는 춥다.

가을에 무 뿌리가 지상 부분에 비해 길면 그해에는 기온이 예년보다 낮다. 땅속 온도가 일찍 낮아지면서 수분이 부족해 무가 뿌리를 길게 뻗기 때문이다.

▶ 제철이 아닌 때에 꽃이 많이 피면 그해에는 눈이 많이 온다.

여름에 일조량이 많던가, 가을에 갑자기 따뜻해지면 봄꽃이 가을에 피는 경우가 있다. 이런 이상현상은 여름에 북태평양 고기압이 발달하여 여름에 가뭄이 든 때에 많이 생기는데, 겨울에는 대륙성 고기압이 더욱 발달하는 경향이 있으므로 강한 계절풍 영향으로 눈이 많이 오는 수가 있다.

이 책의 서두에서 "도토리는 벌판을 내려다보면서 연다."라는 우리나라 농촌의 속설을 소개하였다. 앞에서 이미 설명했다시피 도토리꽃이 피는 시기와 모내기 철이 비슷한데 그때 비가 많이 오면 도토리 나무는 열매를 못 맺는 반면 모내기는 순조로워 풍년이 된다. 화력학을 죽은 학문으로 간주할 수 없음은 이 속설 하나에서도 충분히 알 수 있다.

소나무 숲과 인간 간섭의 역사

🖋 소나무는 우리나라 풍토에 적합한 수종인가?

우리나라 어디를 가나 소나무 숲이 분포하지 않은 곳이 없을 정도로 소나무는 우리나라 대표 수목이다. 2005년 산림통계에 따르면 우리나라 산림 면적은 국토 면적 996만 헥타르의 65퍼센트에 해당하는 647만 헥타르이며, 그중 소나무 숲으로 대표되는 침엽수림이 271만 헥타르에 이른다. 전체 산림 면적의 41퍼센트를 소나무 숲이 차지하고, 여기에 침엽수와 활엽수가 섞인 혼합림 187만 헥타르를 감안하면 우리나라 산림에서 소나무 비중은 굉장히 크다. 지역에 따라서는 산림이란 말이 소나무 숲을 지칭한다고 해도 과언이 아니다.

우리나라 산림에서 소나무가 이렇게 중요하게 된 데는 필경 어떤 이유가 있을 것이다. 왜냐하면 북반구에서 우리와 위도가 비슷한 다른 나라의 경우를 살펴봐도 유독 우리나라에서만 소나무 숲이 발달해 있기 때문이다. 소나무 숲이 오늘날처럼 번성한 원인에 대해서는 학자들마다 의견이 분분하지만 먼저 우리나라의 독특한 기후와 토양 조

● 우리나라에서는 어디를 가나 소나무 숲을 쉽게 발견할 수 있다.

건, 그리고 여기에 부가해서 지난 수백 년 동안 지속된 사람들의 간섭을 들 수 있겠다.

소나무는 소위 양수(陽樹 : 어릴 때 햇볕에서는 잘 자라지만 그늘에서는 잘 자라지 못하는 나무)라고 해서 해가 잘 드는, 약간 건조한 곳에서 잘 자란다. 우리가 등산을 가면 햇볕이 따스하게 내리쬐는 남쪽 산등성이에서 소나무를 많이 볼 수 있고, 또 왕릉이나 도시 공원의 잔디밭에 독야청청 자라는 소나무들이 유독 많은 것도 바로 소나무가 많은 햇빛을 필요로 하기 때문이다.

하지만 소나무가 양분과 수분에 대한 요구도가 적으므로 우리나라의 기후와 토양에 특히 잘 적응하는 수종이라는 일부 학자들의 의견에는 동의할 수가 없다. 나무가 자라기 시작하는 봄철에 대단히 건조한 우리나라 중서부 지방의 기후는 소나무가 자라는 데 부적당하기 때문이다. 같은 시기에 태백산맥 동쪽 지방은 상대적으로 습윤하기 때문에 소나무가 자라는 데 적합하다. 우리가 설악산 일대에서 울창한 소나무 숲을 볼 수 있는 것은 바로 이런 이유다(그런데 유감스럽게도 최근에는 봄철에 건조한 날씨가 계속되면서 강원도 동해안 지방에 산불 발생 건수가 늘고 있다. 대단히 유감스런 일이 아닐 수 없다).

우리나라의 산성 토양이 소나무 숲에 유리하다는 의견에 대해서도 나는 반대 주장을 하고 싶다. 오히려 소나무 솔잎이 썩으면서 토양을 강력한 산성으로 만들고, 그것이 다른 식물들의 성장을 억제하는 기능을 하기 때문이다. 그러면 소나무가 많이 자라는 산이 대체로 척박한 것은 도대체 무슨 이유일까? 사람들이 활엽수를 지속적으로 베어냈고 그 결과 토양이 더욱 척박해져 소나무만 간신히 살아남게 되었던 건 아닐까.

🍃 소나무 숲은 인위적으로 만들어졌다

우리나라에 소나무가 많은 것은 결국 인간의 간섭에서 그 원인을 찾아야 할 것이다. 사람들에게 잘 알려져 있진 않지만 우리나라는 북반구 중위도에 위치한 나라들 중에서 겨울이 가장 춥다. 일본이나 미국 동부 해안지방과 비교해봐도 우리나라 겨울이 대단히 추운 것이 사실이다. 우리나라가 대륙의 동쪽 끝에 위치해 맹렬한 북서풍이 몰아치는 데다가, 태평양의 따스한 해류가 일본에 가로막혀서 우리나라에 영향을 미치지 못하기 때문이다.

이런 혹독한 겨울 기후에도 불구하고 우리나라 서민들의 가옥 구조는 얼마 전까지만 해도 바깥의 한기(寒氣)가 방 안까지 그대로 스며들 정도로 매우 허술했다. 따라서 난방이 중요했는데 우리나라 고유의 난방법인 온돌은 열효율이 매우 떨어지기 때문에 땔감이 많이 필요했다. 그래서 겨울에는 쌀값보다 땔감 값이 더 들었다. 부자는 몇 해분의 땔나무나 숯을 쌓아놓고 살지만 서민들은 산에서 초목을 긁어모아 겨울을 났다.

활엽수들은 땔감으로 쓰려고 베더라도 그 밑동에서 다시 줄기가 자라기 때문에 별 문제가 없었지만 소나무는 그렇지가 않다. 소나무는 화력이 강해서 땔감으로 알맞지만 한번 밑동을 자르면 새로운 줄기가 돋아나지 않기 때문에 우리 선조들은 곁가지 외에는 건드리지 않았다. 이에 반해서 다른 잡목들은 해마다 잘려서 땔나무로 쓰였고 그런 일이 반복되면서 대부분의 산들은 자연히 소나무 숲으로 변하고 말았다.

소나무가 그토록 번성했던 또 다른 이유로 과거 유교사회의 전통을 들 수 있다. 조선시대는 말할 것도 없고 그 이전 고려시대부터 소나무는 선비들의 지조를 상징하는 나무로 귀한 대접을 받아왔다. 오죽하면 소나무는 상목(상층목), 즉 좋은 나무로 일컬어졌고 다른 나무들은 모두 잡목이라고 불렸을까. 그만큼 우리 조상들은 소나무의 변함없는 푸름을 숭상했던 것이다. 이조의 충신 성삼문은 자신의 절개를 소나무에 빗대기도 했다.

"이 몸이 죽어가서 무엇이 될꼬 하니 봉래산 제일봉에 낙락장송 되었다가 백설이 만건곤할 제 독야청청하리라."

소나무에 대한 숭상은 곧 보호정책으로 이어져 조선시대 500년 동안에는 왕실이 직접 소나무를 보호했다. 오늘날 우리가 곳곳에서 볼 수 있는 소나무 숲의 절경은 그런 왕실의 보호 덕분이라고 해도 좋다.

소나무 수난은 언제부터일까?

우리나라 역사에서 소나무가 다른 나무들과 달리 특별한 대접을 받았던 데는 그것의 다양한 용도와 높은 효용가치에 있다. 소나무는 땔감,

건축·토목 용재, 배를 만드는 조선(造船)재, 죽은 사람의 시신을 담는 관을 만드는 관곽재, 흉년에 식량을 대용하는 구황식물 등 갖가지 용도로 쓰였다.

고려시대에 몽골의 쿠빌라이는 고려를 정복하고 이어서 일본을 정복할 계획을 세워, 고려 왕에게 전함 900척을 건조할 것을 요구했다. 이에 고려 정부는 변산, 천관산의 소나무를 베어서 조선 용재로 썼다. 이와 같이 소나무는 조선 용재로 남벌되었으므로 조선시대에는 소나무의 벌채를 금하는 금송(禁松) 법령을 발표하였던 것이다.

조선시대 세조 7년(1461년)에 병조(兵曹)에서 왕에게 올린 장계(狀啓)에 보면 "소나무를 베는 것을 금하는 법은 매우 엄하다. 그러나 서울 밖에 사는 관리나 산지기들은 이에 익숙하여 전혀 기울어짐을 조사하지 않으며, 이로 인해 조선 용재를 베어서 소나무가 거의 사라지게 되었다. 이제부터 국가에서 쓰는 것 외에 관리나 양반 집에서는 배 만드는 재목을 쓸 수 없으며, 보통 집에서는 잡목을 쓰도록 바란다." 라고 쓰여 있다.

또 소나무를 벤 자에 대해서는 "한두 그루를 벤 자는 곤장 100대, 산지기는 80대, 관리는 볼기 40대를 치고, 서너 그루를 벤 자는 곤장 100대를 친 후 군에 보내고, 산지기는 곤장 100대, 관리는 80대, 열 그루 이상을 벤 자는 곤장 100대를 치고 온 가족을 변두리로 내쫓고, 산지기는 곤장 100대를 치고 군에 보내며, 관리는 곤장 100대를 치고 10년간 관직에서 내보내고, 한 그루도 베지 않은 자는 산지기라는 한 직을 상으로 주고, 이를 따르도록 권고할 것이다"라고 되어 있다.

1464년 발표한 '금벌사목(禁伐事目)'에는 "무릇 도성 내외의 소나무

● 일제시대 독립문 뒤 벌거벗은 산.

를 벤 자는 곤장 100대를 치고, 그 집의 장자나 관리라면 집을 빼앗고,
노는 사람은 외딴곳으로 보낸다. 평민이면 곤장 80대를 치고 송아지
를 빼앗는다"라고 기록되어 있다.

1592년 임진년, 1597년 정유년에 이순신 장군이 일본 병선을 격파
한 거북선은 변산, 안민곶, 장산곶, 철산, 거제도의 소나무로 만든 것
이다.

그 후 소나무 보호에 전력을 쏟은 흔적이 보이지 않는데, 화전을 일
구기 시작하면서 소나무는 수난을 면할 수 없게 되었다. '변산송금절
목(邊山松禁節目)'에는 "변산의 산록은 배 만드는 목재를 기르기 위한
곳이다. 근래에 떠돌이들이 곳곳에 불을 놓고 갈아엎어서 소나무가
심히 해를 보게 되었다. 그곳은 소나무를 기르는 곳이므로 하는 수 없
이 화경(火耕)을 엄벌하는 바이다. 물론 산허리 위아래에는 일체 들어
가지 못하며 그중에 완강히 이를 지키지 않는 자는 순경이 잡아서 엄
한 벌로 자백하도록 한다"라고 되어 있다.

그러나 조선시대 말엽, 즉 19세기 초부터 인구가 불어나 건축용,
연료용으로 소나무뿐 아니라 잡목까지도 마구 베어내 산은 거의 벌거

벗은 상태로 최근까지 내려왔다.

　우리나라는 일본의 속박에서 벗어나 독립하면서 산의 녹화에 온 힘을 쏟았다. 그 결과 1982년 통계에 따르면, 식목용 묘목 구입비가 30억 원에 이르렀으며, 산림의 녹화율도 96퍼센트에 달했다.

　우리나라의 기후와 토양은 앞에서 말한 대로 소나무가 자라는 데 부적합한 것이 아니므로 이제부터 산에서 나무를 자르는 것을 금지하고, 나무 심기를 장려하면 소나무뿐만 아니라 참나무, 서어나무, 단풍나무를 주로 하는 극상림이 복원될 것이다.

산불 피해지역 복원은 어떻게 해야 하나?

◑ 산불 발생이 늘고 있다

최근 들어 우리나라 곳곳에서 산불이 자주 발생하고 있다. 산불 발생 빈도가 높아졌을 뿐만 아니라 산불이 한번 일어나면 진화가 어려워서 산불이 대형화되고 때로는 초대형 산불로 커지기도 한다. 특히 강원도 동해안에는 매년 봄철이면 대형 산불이 휩쓸고 지나가곤 한다. 최근에도 1996년 4월 23일 고성군에서 2696헥타르가 소실된 것을 비롯해서 2000년 4월 7일에는 강릉시와 동해시, 삼척시 등에서 동시다발적으로 산불이 발생하여 무려 2만여 헥타르의 산림이 소실되었다. 2004년 3월에는 속초시 인근 야산에서 산불이 발생하여 120헥타르의 산림이 소실되었고, 특히 2005년 4월 5일 식목일에 일어난 산불은 임야 400헥타르와 천년사찰 낙산사를 전소시키는 전대미문의 재앙이었다.

물론 산불이 동해안 지역에서만 많이 발생하는 것은 아니다. 사실 우리나라 전역에서 산불의 발생 빈도가 급증하고 있는데 그 이유를

과연 어떻게 설명할 수 있을까?

언론에서 거론하는 산불 발생의 첫 번째 원인은 우리나라의 겨울과 봄철 기후가 최근 들어서 점점 더 건조해진다는 것이다. 이렇게 우리나라 기후가 바뀌는 데는 지구온난화를 그 원인으로 들기도 한다. 그러나 지난 수백 년 동안의 역사를 살펴보면 과거에도 유난히 비가 조금 내렸던 해가 적지 않았다. 또 요즘에도 매년 봄에 비가 적게 내리는 것은 아니기 때문에 섣불리 지구온난화를 이유로 든다거나 건조한 봄철 기후로만 설명하는 것은 부족하다.

산불이 자주 발생하는 원인 중에 건조한 기후 다음으로 많이 거론되는 원인은 우리나라 산림이 무성해졌다는 사실이다. 산림이 무성해져 산불이 나면 금세 대형 화재로 번지고 또 쉽게 진화하기도 어렵다는 것이다. 사실 과거에는 산에 나무가 별로 없어서 실수로 혹은 담뱃불로 불이 쉽게 붙진 않았다. 또 발화되더라도 불이 확산되는 속도가 빠르지 않아서 진화가 어렵지 않았다.

그런데 산림이 무성해지면서 이런 모든 조건이 일시에 변하게 되었다. 먼저 산에 낙엽이 무성하게 깔리면서 작은 실수에도 불이 쉽게 붙었다. 한번 발생한 산불은 두꺼운 낙엽층을 불쏘시개 삼아서 순식간에 온 산으로 옮겨 붙었다. 건조한 겨울 기후에 바싹 마른 낙엽은 그야말로 자연적인 인화물질이라고 해도 좋을 정도이다.

우리나라에서 일어나는 산불은 대부분 사람들의 실수로 빚어지는데 최근 여가 시간이 증가하면서 등산객이 많아진 것도 이런 인위적 발화의 가능성을 크게 높인다고 할 수 있겠다. 겨울 기후가 건조해졌다든지 산림이 무성해졌다든지 하는 것을 자연적인 원인이라고 한다면 등산객이 많아지고 사람들의 화재에 대한 경각심이 낮아지는 것은 인위적인 원인이라고 할 수 있겠다.

이런 원인에 하나를 더 보태자면 우리나라 산에는 임도(林道)가 상당히 부족하다는 것이다. 산림관리에 많은 노력을 기울이는 선진국에서는 가지치기 등 산림관리에 용이하고 또 산불이 났을 때 신속하게 대처할 수 있도록 임도를 잘 가꾸었다. 이에 반해서 우리나라는 아직까지 임도에 관심을 기울이지 못하는 실정이다. 그러다 보니 산불이 났을 때 화재현장에 신속한 접근이 어려워 초기 진화에 실패하는 경우가 자주 발생한다.

산불로 소실된 피해지역의 복원

산불이 발생했을 때 그 피해 지역이 넓지 않으면 그냥 두어도 별 문제가 없고 또 자연적인 복원도 빨리 된다. 그런데 대형 산불이 발생한 경우라면 사정이 전혀 다르다. 산불이 휩쓸고 지나간 지역엔 아주 흉물스러운 자취가 남는데, 지표면을 덮고 있던 낙엽층이 일시에 소실

● 우리나라 산에는 대부분 임도가 없어서 산불이 발생했을 때 대처하기가 어렵다. ⓒ산림청

돼서 맨땅이 그대로 드러나는 것이 가장 심각한 후유증이다.

산불이 발생한 지역에 비가 내리면 어떻게 될까? 특히 동해안 산불 피해지역은 태백산맥의 동쪽 사면으로 경사가 대단히 급하기 때문에 비가 내리면 어렵게 뿌리를 내리기 시작한 어린 식생이 모조리 휩쓸려가 버린다. 설상가상으로 이렇게 흘러내린 토사는 마치 산사태처럼 하부 골짜기와 농경지, 하천 등 광범위한 지역을 덮쳐 엄청난 재앙이 될 수도 있다. 따라서 신속한 복구대책이 시행되지 않을 경우 장마에 토사가 흘러내리는 일이 매년 반복되어 원래의 산림으로 돌아가는 데 오랜 시간이 걸리고 그 과정에서 인근 지역에까지 심각한 피해를 입힐 수 있다.

그렇다고 해서 산불 피해 지역에 대해 손쉬운 복원대책이 있는 것은 아니다. 우리나라에서 산불 피해 지역 복원에 대한 연구는 동해안에 산불이 빈발하기 시작했던 최근에서야 비로소 시작되었는데 복원대책 연구자들은 자신이 속한 집단에 따라서 크게 두 부류로 의견이 갈린다.

먼저 임학을 연구하는 학자들은 산림의 신속한 복구를 바라는 차원에서 산불 피해 지역에 하루빨리 묘목을 심으려고 하는데, 이때 토사가 쉽게 무너져 내리지 못하도록 사방공사를 동시에 시행하도록 권고한다. 이런 식의 산림복원 관행은 과거 우리나라 산림이 온통 헐벗었던 1960~1970년대에 전국적으로 시행했던 산림녹화사업에서 기인하며, 또 그동안의 경험에 비추어보더라도 상당히 설득력 있는 방안이다.

그런데 우리나라 산림도 과거와 달리 충분히 번성했기 때문에 산불 피해지역 복원에 보다 자연적인 방법을 도입할 필요가 있다는 주장이 최근 힘을 얻고 있다. 이런 주장은 주로 자연환경을 연구하는 식물생태학자들이 제기하는데 일부 선진국들이 자연적으로 발생한 산불 피해 지역에 인간 간섭을 배제하고 자연적으로 회복되기를 기다린다는 데 착안한 것이다.

● 산불 피해 지역에 사방공사를 하고 묘목을 심었다. ⓒ산림청

　　그러면 가급적 산림녹화를 서두르자는 임학계의 주장과 시간을 두고 천천히 자연 복원력에 맡기자는 식물생태학계의 주장 사이에서 우리는 어느 편을 들어야 할까? 결론부터 이야기하자면 이 양쪽의 주장이 모두 일리 있다. 다시 말해서 어떤 산불 피해 지역에서는 서둘러서 녹화사업과 사방사업을 시행해야 하고 또 어떤 지역은 그대로 방치하면서 자연 복원력에 기대를 걸어봐야 한다는 것이다.

　　1996년에 발생했던 고성 산불이나 2000년 발생했던 동해안 산불처럼 산불 피해 규모가 1000헥타르가 넘는다면 아무리 자연적 복원이 좋다고 해도 시급히 사방공사를 하고 경사가 급한 곳부터 묘목을 심어나가는 것이 좋을 것이다. 여기에서 말하는 사방공사란 토사가 한꺼번에 휩쓸려 내리지 않도록 인위적으로 물꼬를 만들어주고, 바위나 시멘트로 제방이나 축대를 쌓고, 또 지적이니 인조재료로 맨땅을 덮어주는 것과 같은 일체의 토목작업을 의미한다. 나무를 심는 것도 넓게 보면 사방공사의 일종인데 넓은 산지에는 큰 나무를 옮겨심기가 어렵기 때문에 묘목을 심는다.

임학자들은 산불 피해 지역에 심는 나무로 소나무와 참나무를 추천하였다. 특히 동해안 지역에서는 예전부터 송이버섯을 생산해왔기 때문에 주민들이 소나무를 많이 심기를 원해서 요즈음 동해안 지역에는 보통 침엽수와 활엽수를 반반씩 심는다.

산불 피해 지역이 넓을 경우 어쩔 수 없이 인공조림을 할 수밖에 없지만 그렇다고 해서 전체 지역을 다 인공조림할 필요는 없다는 것이 내 생각이다. 과거와 달리 우리나라 숲도 대부분 성숙림 단계에 이르렀기 때문에 산불 피해 면적이 몇백 헥타르 정도로 넓지 않다면 자연 복원력에 맡겨도 좋다는 것이다.

실제로 지난 몇 년 동안 강원대학교에서 시행한 동해안 산불 피해 지역 조사 결과가 바로 내 생각이 옳다는 것을 입증해준다. 연구자들은 과거 소나무 숲이었다가 산불 발생 후에 인공조림한 지역과 그대로 방치했던 지역을 조사했는데, 자연복원지에서 조림지보다 더 짧은 기간에 더 많은 생물량이 축적된 것을 발견하였다. 특히 자연복원지는 20년 정도의 짧은 기간에 원래의 숲 수준으로 회복하였는데, 이는 나무들이 종자로 번식한 것이 아니라 불에 탄 참나무 뿌리에서 어린 싹이 돋아나 자랐기 때문이었다.

이제 우리나라도 숲이 번성하고 사람들의 야외활동 시간이 늘어나면서 산불이 날 확률이 과거보다 훨씬 더 높아졌다. 이런 현실에서 산불 피해 지역을 모두 다 인공조림하는 일은 이제는 바람직하지도, 가능하지도 않다. 하지만 그렇다고 해서 모든 산불 피해 지역을 다 자연

복원에만 맡겨둘 수도 없는 노릇이다. 이런 경우 가장 현명한 대안은 바로 산불 피해 지역의 규모와 지형적 특성을 면밀히 검토해 가급적 인공조림과 사방공사의 규모를 줄이면서 나머지 부분은 자연의 능력에 맡기는 균형 잡힌 대책이다.

미래 과학자에게 띄우는 희망 메시지

🌿 인생의 황혼에서 생물학자로서 삶을 회상하다

내 나이가 이제 일몰을 남겨둔 황혼에 있으니 어찌 그동안 살아온 인생에 대한 회한과 상념이 없으랴. 하지만 한 사람의 생물학자로서, 내가 좋아하는 식물생태학을 선택하여 그 학문으로 내 인생의 대부분을 보냈으니 무언가 크게 아쉬웠다거나 부족한 인생은 아니었다고 생각한다.

그러나 지나온 삶을 되돌아볼 때 후회가 없는 사람은 별로 없을 것이다. 나 또한 이제까지 삶에서 '그때 그렇게 하지 않고 대신 이러이러했더라면…' 하는 부분이 적지 않은 것은 다른 사람들이나 마찬가지이다. 이제 후학들을 위해서 그런 부분들을 간단히 소개하는 것으로 이 책을 끝맺고자 한다.

나는 지난 세기 초에 태어나 일제강점기에 일본에서 대학을 다녔고, 서울대학교에 생물학과가 처음 생기면서 교수로 취임해 정년까지 무사히 봉직한, 보통 사람 입장에서 본다면 지극히 안정되고 평안

한 삶을 누렸다고 할 수 있다.

하지만 내가 사회에 첫발을 내디딘 후 정년에 이르기까지 그 기간은 지난 20세기 다사다난했던 한국현대사 중에서도 가장 불안정했고 또한 가장 다이내믹했던 시기였다. 일제강점기 말기의 궁핍과 사회적 불안, 해방과 함께 찾아온 격변과 혼란, 한국전쟁의 참상과 그 후에 지속된 사회적 무질서와 가난, 개발독재 시대의 권위주의가 이어졌던, 아마도 전 세계 어떤 나라도 경험하지 못한 그야말로 질풍노도의 시대가 아니었나 생각된다.

다른 한편으로 요즘 젊은 세대들은 모르겠지만 1960년대 초엽까지만 해도 우리나라는 세계에서 가장 못사는 나라였으며 미국의 식량원조에 의존해 간신히 보릿고개를 넘기던 불쌍한 나라였다. 따라서 사회 전체가 온통 먹고사는 문제에 매달리는 실정이었으니 대학에 시설다운 시설이 있을 리 만무했고 강의와 연구 또한 부실할 수밖에 없었다. 이후 1970년대 들어서서 경제개발 덕분으로 다소나마 물질적 여유가 생겼고, 비로소 대학도 조금씩 연구시설을 갖추고 교수도 증원할 수 있었다. 따지고 본다면, 우리나라 생물학 연구의 역사는 해방이후 서울대학교 개교(1946년)와 함께 시작되었지만 현대과학으로서 본격적인 생물학 연구는 1970년대에 시작되었다고 할 수 있다. 그렇다면 나처럼 해방과 함께 생물학 교수가 되었고 대학 연구가 본격적인 궤도에 오르기 시작한 1970년대에 은퇴한 1세대 생물학자들은 그동안 무엇을 하였던가?

주마등처럼 스쳐가는 과거를 회상할 때 그나마 우리 세대가 기여했던 바가 있다고 한다면 후학을 길러내는 데 어느 정도 성공을 거둔 것이 아닐까 한다. 내 밑에서 공부했거나 우리 학과와 대학에서 연구했거나 다른 대학을 졸업한 수많은 젊은 인재들이 생물학과 생태학을 자신의 전공으로 삼아 학문과 교육의 길로 나섰다. 그들이 있었기에 그로부터 불과 반세기도 채 지나지 않아서 오늘날 우리나라 생물학 수준이 이렇게 신장될 수 있었다.

우리 세대는 불행히도 우리나라에서 대학 교육을 받을 수 없었다. 하지만 해방 이후 대학을 다녔던 2세대, 3세대 후학들이 국내외에서 연구에 정진하여 나 같은 선배 세대들의 체면을 차려주었다는 점에서 나는 한편으로 그들에게 감사하는 마음을 금할 수 없고, 또 한편으로는 적지 않은 빚을 졌다고 생각한다. 모름지기 선생 된 사람이 느끼는 진정한 행복은 후학들의 성공을 지켜보는 데 있으리라. 이런 점에서 나는 무척이나 행복하다.

그러나 내가 잘 가르쳐서 후학들이 그처럼 성공한 것은 물론 아닐 것이다. 내가 그들을 좀더 잘 가르치고, 또 인생 선배로서 좀더 잘 지도했더라면 하는 마음의 빚은 필경 내 무덤까지 가져갈 것이다.

그러면 1세대 생태학자로서 가장 아쉬운 점은 무엇일까? 이 책의 이곳저곳에서 이미 피력한 바 있듯이 해방 당시 우리나라는 더없이 가난하고 비참했으며 우리 산야 역시 황폐하기 이를 데 없었다. 그런 상황에서 우리 정부가 수립 초창기부터 산림녹화를 국가적 사업으로 추진했던 일은 지금에 와서 생각해봐도 탁월한 결정이었다고 생각한다. 사회적으로 그처럼 산림녹화가 강조될 수 있었던 이면에는 당시 몇몇 식물생태학자들의 역할이 컸던 것 역시 사실이다.

하지만 그처럼 헐벗었던 산림이 푸르러지는 과정에서 우리나라 생태학계가 그런 변화를 제대로 기록하는 데는 실패했다는 것이 나의 생각이다. 물론 우리 1세대 생태학자들의 연구 여건은 그야말로 열악하기 짝이 없었다. 연구시설과 연구비 지원은 물론 연구인력마저 매우 부족했다. 하지만 생태학이란 원래 그런 물질적 지원에 앞서서 열정과 끈기가 요구되는 과학 분야가 아니었던가. 당시에 그런 모든 열악한 여건에도 불구하고 우리나라 생태학계가 혼연일치해 설악산이나 지리산, 혹은 제주도에 제대로 된 야외생물학연구실(Field Biological Station)을 두세 개 정도 개설했더라면 오늘날 우리나라 생태학은 지금보다 훨씬 더 발전하지 않았을까?

그런 야외생물학연구실이 없었기에 우리 생태학계에는 어느 한 지역을 수년에서 수십 년에 걸쳐 관찰한 연구가 아직까지도 전무한 것이다. 이런 점은 서구나 일본에 비교할 때 그야말로 부끄러운 일이겠는데 나를 비롯한 1세대 생태학자들의 잘못이 크다고 할 수 있다.

야외생물학연구실이 꼭 필요한 이유

생태학은 야외에서 성장하고 번식하는 동식물을 연구하는 학문이다. 생태학이 발전하면서 컴퓨터 모델에 주로 의존하는 시스템생태학, 이론과 수식에 치중하는 이론생태학과 통계생태학, 실험실에서 주로 연구하는 실험생태학 등 여러 분과로 끊임없이 가지치기를 하고 있지만 생태학의 본령은 어디까지나 야외 현장에서 생물군상들의 본모습을 관찰하는 데 있다.

그러면 과학의 방법론에 대해서 한번 생각해보자. 과학은, 특히 생태학에 관련해서 수행하는 과학적 연구방법은 A라는 생물개체와 B라는 생물개체가, 또는 C라는 생물종과 D라는 생물종이, 아니면 E라는 생태계와 F라는 생태계가 그들이 직면하는 여러 다양한 환경요소들(예컨대 이 책에서 줄곧 논의했던 온도, 수분, 바람, 빛 등이다)에 각기 어떻게 반응하는지를 밝히는 것이다. 그러기 위해서는 마치 의사가 환자를 면밀히 관찰해서 병의 원인을 밝히고 치료하듯이 생태학자도 자연에 서식하는 생물을 면밀히 관찰해야 하는데, 원래 생물이란 주위 환경조건들에 그리 민감하게 반응하지 않는다. 들판에 자라는 야생화를 보라. 그들은 수십 년 만에 찾아온 지독한 가뭄과 오랜 장마에도 끄떡하지 않다가 서늘한 바람이 불면 어느새 하늘하늘 복스러운 꽃을 피워내지 않는가. 따라서 자연의 변화는, 특히 식물의 변화는 오직 정해진 장소에서 정해진 개체를 대상으로 몇 년, 몇십 년, 또는 몇백 년 동안 꾸준히 관찰하는 경우에만 그 변화를 감지할 수 있다.

이런 변화를 찾아내 그 원인을 밝히고, 원인과 결과 사이의 인과관계를 밝히고자 할 때 생태학자들이 즐겨 찾는 연구장소가 바로 야외생물학연구실이다. 이런 연구실은 나라에 따라서 부르는 명칭이 다르지만 결국 특정한 생태계가 위치하는 한적한 장소에 생태학자들이 장기간 거주하면서 조사와 실험을 할 수 있는 연구·숙박 겸용의 시설을 지칭하는 것이다.

물론 우리나라에도 적지 않은 대학들이 소위 연습림이니 임해실습원이니 하는 시설들을 갖추고 있기는 하다. 하지만 대부분은 여름 한철 학생들의 현장실습에 활용되는 데 불과하다. 내가 말하는 야외생물학연구실은 적어도 수십 명의 연구자가 사시사철 상주하면서 생태학 관련 연구를 수행할 수 있는 그런 전천후 연구설비를 의미한다.

그러면 야외생물학연구실을 운영하면 어떤 혜택을 기대할 수 있을까? 먼저, 과학이라는 것이 어떤 거창한 연구 결과를 단번에 쏟아내고 그런 연구 결과들이 우리 생활에 커다란 기여를 할 것이라고 속단하지 말자. 물론 그렇게 할 수 있는 과학 분야가 아주 없는 것은 아니겠지만 대부분의 과학 분야들은 그야말로 길고 긴 관찰과 실험 끝에 논문 한 줄, 표 하나를 작성할 수 있는 정도의 연구 결과를 얻는 것이 보통이다. 특히 생물을 연구대상으로 삼는 생물학, 그중에서도 야외에서 자라는 생물종을 대상으로 하는 생태학은 끈질긴 조사와 관찰이 생명이라고 해도 좋다. 이런 일을 장기간 수행하기 위해서는 연구자가 현장 근처에서 직접 숙식하면서 필요할 때 언제든지 현장을 방문할 수 있도록 지원하는 일이 무엇보다도 중요하다. 야외생물학연구실은 이런 목적으로 설립되는 가장 기본적인 시설물이다.

물론 야외생물학연구실이 반드시 생태학자들의 전용 시설물일 필요는 없다. 생물학의 여러 분과들은 물론 기상학, 지리학, 해양학, 환경과학, 농학 등의 연구자들도 함께 이용할 수 있다. 그런가 하면 서구의 대규모 야외생물학연구실은 많은 연구자들이 한데 모이기가 쉽기 때문에 학자들의 연구 교류와 사교의 장으로도 널리 활용된다.

야외생물학연구실을 개설해서 기대할 수 있는 구체적인 이익에 대해서도 생각해보자. 최근 우리나라에서는 산불이 자주 발생하는데 이는 산림이 무성해지면서 나타나는 현상이기 때문에 이런 추세는 앞으로도 지속될 전망이다. 그런데 이미 앞에서 언급했듯이 산불 피해 지역을 그대로 두어서 자연 복원력에 맡길 것인지 아니면 조림사업을 해야 하는지에 대해서는 아직도 논쟁이 계속되고 있다. 하지만 만약 우리가 야외생물학연구실을 일찍부터 개설해서 그동안 산불 피해지역에서 자연 복원력이 어떠했는지 잘 기록해놓았더라면 이 문제에 대해서 우리는 이미 어떤 결론을 내렸을 것이며 따라서 피해 지역에 조림을 하느니 마느니 하는 논쟁 또한 불필요했을 것이다.

갯벌은 해양생물의 산란장이자 번식지일 뿐 아니라 오염물질을 정화하는 자연의 하수처리장이고 수많은 철새가 찾는 귀중한 자연보전구역이다. 대다수 사람들이 이에 동의하며 새만금 사업이 자연의 보고를 파괴하는 몰지각한 행위라고 지탄하는 것 또한 사실이다. 그런데 환경단체들이나 일부 학자들이 그토록 갯벌의 중요성을 강조함에도 불구하고 정작 갯벌이 얼마나 중요한 존재인지를 입증할 수 있는 구체적인 수치가 제시된 과학논문 한 편을 제대로 찾아보기 어려운 것은 어떤 이유 때문일까?

나는 우리가 진작부터 야외생물학연구실을 마련하고 산림, 갯벌, 늪지 등 귀중한 자연 생태계에 대해서 체계적인 연구를 진행했더라면 요즈음 제기되는 중요한 환경문제들에 대해서 보다 현명한 결정을 내릴 수 있었을 것으로 생각한다. 비단 이런 문제들뿐이겠는가. 황사나 오존오염 문제 등에 대해서도 적어도 지금보다는 훨씬 더 과학적인 결론을 내릴 수 있었을 것이다.

🍃 북한의 황폐한 산림 복원하는 데 앞장서야

앞에서 나는 우리 1세대 생태학자들이 우리나라 자연환경의 변화과정을 제대로 된 기록으로 남겨놓지 못했다고 고백했다. 물론 제반 악조건 속에서 단편적인 연구 결과를 얻는 데만 급급할 수밖에 없었던 당시의 열악한 상황을 내가 과소평가하는 건 아니다. 그럼에도 불구하고 우리 연구자 중 일부는 더 종합적이고 체계적인 관점에서 장기적으로 우리나라 생태계의 변화를 정리하는 데 나서야 했지 않았을까?

이런 아쉬움은 요즘 언론을 통해서 북한의 참상을 접하면서 더욱 짙게 배어난다. 최근 북한은 경제가 거의 마비상태에 이른 것으로 보이는데 그런 상태가 오랫동안 지속되면서 대부분의 산림은 김동인의 「붉은 산」을 떠오르게 하는 지경이 되고 말았다.

그렇다면 우리나라가 북한을 도울 수 있는 가장 실질적인 방법의 하나가 바로 북한의 산림녹화사업에 착수하는 일이 아닐까? 지난 반세기 동안 우리나라가 경험했듯이 산림녹화사업은 경제발전에 상관없이 일찍 착수할수록 좋다. 또한 산림녹화를 하면 홍수, 가뭄 등의 피해가 줄어들기 때문에 농업에 적지 않은 혜택이 돌아간다.

경제나 군사 문제와 직접적인 관련이 없으니 남북 간에 불필요한 신경전이나 복잡한 외교 문제가 발생할 여지도 별로 없다. 북한에서 산림녹화사업을 추진하는 것이야말로 실질적인 차원에서 북한 주민의 생활을 돕는 것이고, 더 장기적으로는 한반도의 자연회복을 위해 우리가 적극적으로 모색해야 하는 일이다.

북한 산림녹화사업에서 우리 생태학자들이 할 수 있는 역할은 무엇일까? 그것은 과거 우리나라가 산림녹화사업을 진행하면서 경험했던 성공과 실패 사례들을 체계적으로 정리해 북한 산림녹화사업에 유용하게 활용할 수 있도록 제공하는 일이다.

그런 일례를 들어보자. 과거 우리나라 산림녹화에는 일본의 예가 적지 않은 참고가 되었는데 일본은 이미 20세기 초엽부터 산림녹화사업에 매진한 그야말로 자타가 공인하는 산림강국이다. 열성적으로 산림녹화에 나섰던 일본은 국토의 상당 부분에 일본삼나무라는 단일 품종을 심었다. 일본에서 신칸센을 타고 여행하면 전국 어디에서나 철로 주변 산에서 짙푸른 일본삼나무 숲을 볼 수 있다.

그렇지만 일본의 산림정책은 "지나침이 부족함만 못하다"라는 우리 속담에 꼭 들어맞는 사례라고 할 수 있다. 오늘날 일본삼나무 숲은 그야말로 일말의 동정도 받지 못하는 한심한 실정으로 전락했다. 일본삼나무의 특성상 수관(樹冠)이 온통 숲을 뒤덮어버려서 그 아래로는 햇빛 한 점 들지 못해 관목과 풀들이 자랄 수 없고, 그런 작은 나무들이 없으니 새와 동물들이 찾아들지 않는, '나무는 있되 야생 생태계가 조성되지 못하는' 상태가 되고 말았던 것이다. 더욱이 삼나무는 목재로나 다른 용도로 활용가치가 낮아 베어낸다고 해도 쓸 데가 별로 없는 나무이다.

이에 반해서 우리나라는 그동안 단일 수종에 의존하지 않고 다양한 수종의 나무를 심었다. 그러나 국토 전역에서 산림녹화사업을 전개하기는 했지만 경제성 있는 수목을 집중적으로 조림했던 지역은 강원도와 태백산맥 일대를 중심으로 하는 일부였다. 하지만 수십 년이 지난 지금 우리나라 산림은 자연의 싱싱한 복원력에 힘입어서 그야말로 왕성한 성장을 자랑하고 있다. 그 결과 일본과는 달리 산림 생태계에 온갖 뭇짐승이 서식해서 생물이 전례없이 다양해졌다.

산림녹화사업을 추진하는 데 이런 일본과 우리나라의 사례는 생태학자들 역할이 얼마나 큰지를 극명하게 보여준다. 일본 생태학자들이 좀더 신중했더라면 일본 삼나무 한 수종으로 전 국토를 도배하다시피하는 그런 무모한 산림정책을 방관하지는 않았을 것이다.

우리나라에서도 그동안 산림녹화사업을 전개하면서 적지 않은 실수를 저질렀던 것이 사실이다. 그러면 우리는 그런 시행착오 과정에서 과연 어떤 교훈을 얻었을까? 지금부터라도 과거의 경험을 잘 반추하고 교훈을 정리해 북한의 산림녹화사업에 활용할 수 있는 문서를 남겨야 하는 것이 우리 1세대 또는 1.5세대 생태학자들의 과제가 아닐까?

생명공학도 생태학이 뒷받침되어야

21세기를 흔히 '생물학의 시대' 또는 '생명공학의 시대'라고 부른다. 생물학을 업으로 살아온 사람으로서 이런 말이야말로 반갑기 그지없지만 그래도 마냥 좋지만은 않은 것이 생물학에도 분과마다 그 명암이 다르기 때문이다. 다시 말해서 요즈음 생명공학 분야는 그야말로 시대의 총아로 각광받는 반면 그 대척점에 있는 생태학이나 분류학 같은 고전생물학 분야는 사람들의 관심을 받지 못하고 있다.

그런 가운데 생태학은 최근의 환경보전 추세에 부응해 생명공학만큼은 아니지만 그래도 과거에 비해서는 상당히 사회적 각광을 받고 있어서 나 또한 원로 생태학자로서 뿌듯하다.

생물학의 제 분과들을 구별하는 방법에는 여러 가지가 있지만 가장 일반적인 구분법은 이러하다. 먼저 현대 생물학은 크게 실험실에서 세포와 유전자 수준에서 생명현상을 연구하는 마이크로생물학 (Micro-Biology)과 주로 야외 현장에서 각양각색 생물들의 살아가는 방법을 연구하는 매크로생물학(Macro-Biology)의 두 분야로 나눌 수 있다. 선진국들의 경우에는 최근 들어서 이 두 분야를 아예 각기 별도의 생물학과로 독립시킨 경우가 흔하다. 이럴 경우 전자를 생명공학과, 유전공학과 혹은 분자생물학과로 이름 붙이고, 후자의 경우에는 전통을 살려서 그냥 생물학과로 부르거나 야외생물학, 시스템생물학 또는 집단생물학이라고 한다.

생물학 분과를 이렇게 둘로 구분하면, 마이크로생물학 분과에는 분자생물학을 위시해 유전학, 세포학, 생리학, 생화학 등이 포함되고, 매크로생물학 분과에는 진화학, 생태학, 분류학, 생물지리학 등이 주류를 이룬다. 과거에는 생물학을 연구하는 대상에 따라서 동물학, 식물학, 미생물학 등으로 구분했지만 이제는 이런 구분은 거의 사라졌다. 미생물학에도 미생물의 어떤 점을 연구하느냐에 따라서 구분하는데 미생물유전학이나 미생물공학을 연구한다면 그것은 마이크로생물학에 속하게 되고, 또 미생물생태학이나 미생물분류학을 연구하고자 하면 매크로생물학에 귀속된다.

마이크로생물학은 주로 실험실 연구가 바탕이 되기 때문에 굳이 국경을 생각할 필요가 없다. 분자생물학자나 유전학자라면 우리나라나 일본, 미국, 유럽 어디에서나 똑같은 재료를 사용해 똑같은 방법으로 연구를 수행할 수 있고, 또 그렇게 얻어진 연구 결과도 전 세계 연구자들이 공동으로 활용할 수 있다.

여기에 반해서 생태학과 같은 매크로생물학을 연구하는 사람은 그처럼 국경을 넘나들면서 연구하기가 쉽지 않다. 물론 자신의 연구대상인 특정 동식물종이 우리나라에만 서식하는 것이 아닐 경우에는 다른 나라 연구자들과 공동으로 연구를 수행할 수 있고, 또 비슷한 연구에 종사하는 사람들끼리 교류하면서 연구 폭을 넓힐 수도 있다. 하지만 매크로생물학에 종사하는 사람들의 본분은 어디까지나 자국에 서식하는 동식물종과 생태계에 대해 과학적 지식을 체계적으로 생산해내는 일이다.

그러하기에 그동안 선진국들은 매크로생물학 연구에 지원을 아끼지 않았다. 마이크로생물학 분야의 연구 결과는 상업적 이익과 직접 연결되어 굳이 국가가 지원하지 않더라도 든든한 후원자를 쉽게 확보할 수 있는 데 반해서 매크로생물학 분야는 그런 상업적 활용과 거리가 멀기 때문에 오직 정부의 지원으로만 연구가 가능하다는 것을 잘 알고 있었던 것이다. 그러니 우리나라는 그동안 매크로생물학에 대한 정부 지원이 크게 부족하다.

우리나라 과학계의 문제점 중에 하나가 시류에 너무 쉽게 영합한다는 것인데 최근에는 생명공학의 바람이 거세게 불면서 정부, 학계, 그리고 재계도 생명공학 연구에 지나치게 매진하고 있다. 사정이 이러하니 정부와 산업계가 지원하는 연구비조차 생명공학 분야에만 집중되고 있는데 이런 점은 대단히 우려스럽다. 왜냐하면 그처럼 잘 나간다는 생명공학 분야에도 우리가 세계적 수준까지 도약할 수 있는 부분은 사실 그리 많지 않을 것이다. 또 요즘 세태처럼 너도나도 줄기세포 연구에만 매달리는 상황에서는 우리가 정말로 잘할 수 있는 연구

분야가 소외되기 십상이기 때문이다.

그런 가능성이 큰 분야의 하나로 나는 우리나라에서 자생하는 동식물종을 활용하는 생명공학 연구를 꼽고자 한다. 여러분은 왜 우리나라 인삼이 다른 나라에서 생산되는 것보다 약효가 더 탁월하고 효능을 인정받는지 생각해본 적이 있는가? 물론 인삼과 산삼뿐이 아니다. 웅담과 우황이 그러하고, 이름도 모르는 수많은 한약재 역시 우리나라산의 효능이 월등하다는 것은 누구나 아는 사실이다. 그런 인삼과 산삼에 들어 있는 성분을 분석하는 일은 생명공학자와 화학자 몫이지만, 왜 우리나라에서 자생하는 동식물종이 다른 나라의 같은 동식물종에 비교해 그런 특이한 체질과 기능을 갖게 되었는지를 밝히는 것은 고스란히 생태학자들, 정확히 말하자면 매크로생태학자들이 연구해야 할 분야라고 생각한다.

나는 생명공학과 생태학이 사람들이 흔히 생각하듯이 그렇게 멀리 떨어진 학문 영역이라고 생각하지 않는다. 이런 관점에서 우리나라 생명공학의 발전을 위해서라도 매크로생물학에 우리 모두가 좀더 애정을 가졌으면 한다. 또 앞으로 이 나라를 짊어지고 나갈 젊은 세대들이 매크로생물학, 특히 생태학에 더 많이 입문하기를 바란다.

한 세기를 걸어온 생물학자 김준민, 생명과 자연을 관(觀)하다

들풀에서 줍는 과학

초판 1쇄 발행일 2006년 8월 22일
초판 8쇄 발행일 2019년 4월 5일

지은이 김준민
펴낸이 이원중

펴낸곳 지성사 출판등록일 1993년 12월 9일 등록번호 제10-916호
주소 (03458) 서울시 은평구 진흥로 68(녹번동) 정안빌딩 2층(북측)
전화 (02) 335-5494 팩스 (02) 335-5496
홈페이지 지성사. 한국 | www.jisungsa.co.kr 이메일 jisungsa@hanmail.net

이 도서의 국립중앙도서관 출판예정도서목록(CIP)은 서지정보유통지원시스템 홈페이지
(http://seoji.nl.go.kr)와 국가자료공동목록시스템(http://www.nl.go.kr/kolisnet)에서
이용하실 수 있습니다. (CIP제어번호: CIP2006001719)